飞机电连接器应用设计指南

主　　编　周　珺　李　博
主　　审　邓　健　田玉斌
参编人员　李　丹　杨　硕　杨　阳
　　　　　刘　蕾　李建峰　程玺菱

西北工业大学出版社

西　安

图书在版编目(CIP)数据

飞机电连接器应用设计指南/周珺,李博主编. —西安:
西北工业大学出版社,2018.7
　ISBN 978 - 7 - 5612 - 6133 - 0

　Ⅰ.①飞…　Ⅱ.①周…②李…　Ⅲ.①飞机—航空
电气设备—连接器—设计—指南　Ⅳ.①V242-62

中国版本图书馆 CIP 数据核字(2018)第 158192 号

策划编辑:雷　军
责任编辑:雷　军

出版发行:西北工业大学出版社
通信地址:西安市友谊西路 127 号　　邮编:710072
电　　话:(029)88493844　88491757
网　　址:www.nwpup.com
印 刷 者:陕西金德佳印务有限公司
开　　本:727 mm×960 mm　　1/16
印　　张:6
字　　数:110 千字
版　　次:2018 年 7 月第 1 版　　2018 年 7 月第 1 次印刷
定　　价:42.00 元

前　言

电连接器作为电气线路互联系统（Electrical Wiring Interconnection Systems，EWIS）的重要部件，用于实现电信号的传输和控制以及电子与电气设备之间的电连接，其可靠性直接影响到 EWIS 能否稳定工作及飞机的安全飞行。电连接器及其尾部附件遍布在飞机的各个区域。近年来，随着多电飞机及电子机载设备技术迅速发展，电连接器在飞机上的用量不断增加，电连接器产业也取得了突飞猛进的发展，电连接器总体质量明显提升。但是，由于受到飞机电连接器制造人员、加工设备、连接技术和管理等多重因素的制约，飞机上的电连接器出现质量问题仍然屡见不鲜，在电气线路互联系统制造和飞机使用过程中出现的突发性和重复性质量事故尤为显著。这些事故不但造成巨大的经济损失，而且直接影响飞机的安全。准确而高效地判断电连接器及其尾部附件的故障方法从而制定可行的维修方案，已成为飞机电连接器制造、维修需迫切解决的难题。

本书首先对电连接器的相关技术内容进行详细介绍和深入分析，将电连接器的设计制造和使用维护有机结合，确定保障电连接器可靠工作的设计和制造因素。然后针对这些因素进行详细论述分析，给出具体设计和制造解决方案和措施，为飞机电连接器应用正向设计提供理论依据和技术参考，使电连接器的合理选择和应用为飞机及其使用人员提供最大程度的安全性和可靠性。最后，结合飞机线路修理的实际需求，主要针对飞机电连接器在制造和使用过程中出现的各类故障现象，总结电连接器常见的失效模式，并给出相应的解决措施，该解决措施具有一定的可行性和实用性，可以及时、快速地解决飞机上出现的电连接器故障问题；同时也给出飞机电连接器日常使用要求和注意事项，对飞机设计人员和地勤使用、维修人员具有一定的指导意义。

本书由周珺、李博统稿并担任主编。李丹参加了第 2,3 章的编写工作,杨硕、杨阳、刘蕾、李建峰、程玺菱参加了第 4,5 章的部分编写工作,其余章节由周珺、李博编写。

　　由于编写时间过于仓促,难免有不足之处,欢迎批评指正。

编　者

2018 年 4 月

目　　录

第1章

绪　　论

　　未来先进飞机向多电、全电方向发展,电气系统用电设备会大幅度增加,使得用电设备之间的电气连接会越来越复杂,电气线路互联系统之间的信号传输技术和电连接技术也会发生巨大的变化。电连接器是实现电气线路互联系统的信号传输和电气连接的核心部件,若电连接器发生故障,可致使飞机电气线路发生短路、断路等故障。如果线路发生上述故障,轻则飞机用电设备瘫痪,系统功能无法实现,重则机毁人亡。因此,需要对电连接器出现的故障现象进行深入分析、研究,总结出电连接器常见故障形式并给出解决措施,为飞机设计人员和使用、维修人员提供理论依据和技术参考。

　　电连接器使设计和生产过程更方便、灵活,降低了生产和维护成本。它广泛应用于各种电气线路中,起着连接或断开电路的作用。提高连接器的可靠性首先是制造厂的责任。但由于连接器的种类繁多,应用范围广泛,因此,正确选择连接器也是提高连接器可靠性的一个重要方面。只有通过制造者和使用者双方共同努力,才能最大限度地发挥连接器应有的功能。

　　在各类电子系统中,电连接器在器件与器件、组件与组件、系统与系统之间进行电气连接和信号传递 ,是构成一个完整系统所必须的基础元件。

　　在飞机和武器装备中,电连接器的用量较大,特别是飞机上电连接器的用量特大。一般来讲,一架飞机电连接器的使用量可达数百件至几千件,涉及好几万个线路。因此,电连接器除了要满足一般的性能要求外,特别重要的要求是电连接器必须达到接触良好,工作可靠,维护方便,其工作可靠与否直接影响飞机电路的正常工作,涉及整个飞机的安危。为此,主机电路对电连接器的质量和可靠性有非常严格的要求,也正因为电连接器的高质量和高可靠性,使它也广泛应用于航空、航天、国防等领域。

飞机电连接器及其尾部附件的防护设计是一项系统工程,包括设计、制造和维护三个环节,需要许许多多的研究成果支持,本书根据国内飞机电连接器及其尾部附件腐蚀防护设计现状和经验,参考国外先进飞机电连接器及其尾部附件腐蚀防护方法,从定性方面提出腐蚀防护设计、腐蚀程度判断及解决措施。

为实现这个目标,建议在航空工业设计部门和军队职能机构中对飞机电连接器防护腐蚀控制建立一套完整的机制,尽快发展航空腐蚀控制系统工程技术,早日达到发达国家的先进技术和管理水平。具体目标是电连接器及其尾部附件选用方案论证、电连接器及其尾部附件系统结构设计、制造生产和使用过程中制定并执行统一有效的腐蚀预防和控制的纲要、计划和措施,以尽可能减少因腐蚀造成的循环维修费用和腐蚀故障,使腐蚀造成的经济损失减到最少,并根据国情和腐蚀控制系统工程技术发展的水平,确定我国飞机电连接器及其尾部附件的安全使用期。

飞机电连接器应用设计的战略目标是确保飞机在其运行环境中,在规定的时间内不因电连接器设计和防护不当造成线路故障而进行维修,不因使用维护不当造成腐蚀而停飞,更不能因腐蚀而贻误战机,甚至造成机毁人亡的事故。

第2章
电连接器简介

2.1 术　　语

1.电连接器

电连接器是插头、插座的总称。电连接器的头、座单独称呼时为插头、插座。

2.接触件

接触件也称接触偶,在本书中指插针、插孔的总称。

3.尾部附件

尾部附件也称尾线夹、后附件,在插头或插座连接电缆一端,帮助减小线束对电线压接点(或焊接点)的机械应力。

4.电线

电线是一根实体的、扭绞的或箔式结构的金属导体,用于在电路中输送电流,但不带金属罩、护套或屏蔽层。本书中电线特指带绝缘层的电线。

5.电缆

电缆是含在一个公用外套内的两根及以上的相互绝缘的实心、多股导体,或没有外套扭绞或模压在一起的两根及以上的相互绝缘的导体,或带有金属屏蔽外套或外导管的单根绝缘导体。

6. 线束

线束被设计和制造成可以装拆的单元,由任何数量的电线、电缆/光缆和/或线组以及它们的端接件组成。

2.2　电连接器的分类

电连接器有不同的分类方法。按照频率分,有高频连接器和低频连接器;按照外形分,有圆形连接器和矩形连接器;按照用途分,有印制板用连接器、机柜用连接器、音响设备用连接器、电源连接器、射频电连接器、密封电连接器(玻璃封焊)、高温电连接器、自动脱落分离电连接器、滤波电连接器、光电连接器、旋转电连接器、夜冷电连接器等特殊用途连接器;按连接方式分,有螺纹连接、卡口(快速)连接、卡锁连接、推拉式连接、直插式连接等;按接触件端接形式分,有压接、焊接、绕接、螺钉(帽)固定;按环境保护分,有耐环境电连接器和普通电连接器。

对于圆形电连接器,由于自身结构的特点在机载装备上(航空、航天)用量最大;对于矩形电连接器,由于其结构简单更多地用于电子设备的印制线路板上。

2.3　电连接器的组成

飞机上常用圆形电连接器和矩形电连接器。电连接器主要由插头、插座、尾部附件组成。

1. 壳体的组成

电连接器的壳体通常由插座壳体、插头壳体、连接螺母、尾部附件等组成。它的作用是保护接触件和绝缘体等电连接器内部零件不被损伤,实施插头与插座的连接和分离,以及保护电线与接触件端接后的端接处不受损伤。

2. 绝缘体

电连接器的绝缘体通常由插针绝缘体、插孔绝缘体、界面封线体、封线体等组成,用以保持接触件在设定的位置上,并使各个接触件之间及各个接触件与壳体之间相互电气绝缘。通过绝缘体并采取封严措施,以提高电连接器的耐环境性能。

3. 接触件

电连接器是靠接触件来实现连接电路这一功能的。接触件是电连接器中的重要元件,它直接影响着电连接器的可靠性。接触件的结构形式和接触形式约在几百种以上,目前国内常用的接触件结构形式为线簧插孔、开口插孔和绞线插针。

通常接触件与电线的端接形式有四种:钎焊、熔焊、绕接和压接。目前飞机设计领域常用的接触件与电线的端接形式是压接。

4. 尾部附件

电连接器尾部附件的主要功能是支持线束,防止应力集中于接触件与电线连接的端接点而造成连接点断裂,同时保证使用场合对电线的布局要求和避免线路的混乱。

电连接器尾部附件的主要作用如下:

(1)支撑电线,防止应力集中于接触件与电线连接的端接点而造成连接点断裂。

(2)在耐环境电连接器中,保证尾部密封,防止液体潮湿以及各种污染物从电连接器的尾部进入。

(3)在使用屏蔽电线的情况下,使屏蔽线接地,起抗干扰作用。

(4)在外露电连接器中,用灌胶可使尾部裸露的相邻电路之间和电路与壳体之间增加介电强度。

(5)在某些严苛的使用条件下,用来将尾部的封线体与电线包容,防止外部因素的侵害。

(6)保证使用场合对电线的布局要求和避免线路的混乱。

由于电连接器尾部附件的种类繁多,因此,必须针对每种用途认真选择尾部附件。

2.4　插头与插座的连接形式

飞机上的插头与插座的连接形式有螺纹连接、卡口连接、直插拔连接和机柜式连接等。

螺纹连接是一些具有较大尺寸的接触件和在强烈振动环境中工作的电连接器经常采用的一种连接形式。这种连接形式在完成连接后可装上防止松动的保险丝。螺纹连接使用可靠，但连接和拆卸速度慢。

卡口连接是一种可靠、迅速的连接和分离形式。大多数卡口连接形式的电连接器都具有正确的连接和锁定的直观显示，可以从电连接螺母侧面的小孔中进行观察。

直插拔连接是一种有多用途的连接形式。电连接器的插头与插座在连接和分离时其移动方向通常是往复直线运动，不须扭转和旋转，只需要很小的工作空间即可完成连卸。常见的插拔连接有滚珠或销钉两种结构。

机柜式连接是用于某些靠近框架需要盲插的设备上的电连接器，可以使电气设备做得较轻、较小，容易维护和更可靠。这种连接形式必须设计一种精确的定位装置，避免将误插的电连接器强制连接到一起，使误插成为不可能。机柜式电连接器通常采用浮动或弹性接触设计结构来保证其正确的连接。

一般螺纹连接形式用于飞机起落架舱、发动机舱区域，卡口连接形式用于飞机驾驶舱等区域，机柜式连接主要用于托架等机柜式设备上。

2.5　电连接器技术性能参数

电连接器的技术性能主要分为电气性能、环境性能和机械性能三大类。

2.5.1　电气性能参数

电连接器的主要电气性能包括接触电阻、绝缘电阻和抗电强度，还包括工作电压、电流等参数。

1. 工作电压

一般情况下,要根据电连接器的工作等级来确定电连接器的工作电压值。工作电压见表2.1。

表 2.1 工作电压

工作等级	工作电压/V	
	DC	AC(有效值)
A	700	500
B	2 450	1 750
C	4 200	3 000
D	1 250	900
E	1 750	1 250
M	400	550

2. 电流

选用接触件时应使电流额定值等于或大于实际使用的电流值。标准中对各种规格的接触件的电流额定值均有规定。

接触件额定电流见表2.2。

表 2.2 接触件额定电流

接触件规格	额定电流/A
22D#	5
20#	7.5
16#	13
12#	23
10#	40

3. 接触电阻

接触电阻是电连接器电器性能中较关键的一项指标,它的大小将影响电气信号的传输特性。影响接触电阻的因素有接触件表面材料的电阻率、接触压力、接触面积、接触件的形状以及电流大小和温度等。

高质量的电连接器应当具有低而稳定的接触电阻。连接器的接触电阻从几毫欧到数十毫欧不等。

接触电阻见表2.3。

表 2.3　接触电阻

接触件规格	接触电阻/mΩ
22D	≤12
20	≤5.0
16	≤2.5
12	≤1.5
10	≤1.0

4. 耐电压

耐电压就是零件的相互绝缘部分之间或绝缘部分与接地之间,在规定时间内所能承受的比额定工作电压更高而不产生击穿现象的临界电压。

耐电压或称抗电强度、介质耐压,是表征连接器接触件之间或接触件与外壳之间耐受额定试验电压的能力。耐电压(插合状态)见表2.4。

表 2.4　耐电压　　　　　　　（单位：V）

工作等级*	海平面	15 240 m	21 336 m	30 480 m
M	1 300	800	800	800
N	1 000	600	600	600
I	1 800	1 000	1 000	1 000
II	2 300	1 000	1 000	1 000

* 不同的接点排列有不同的工作等级,详见接点排列。

5. 绝缘电阻

在电连接器的绝缘部分施加直流电压,从而使绝缘部分的表面内或表面上产生漏电流而呈现出的电阻值。如果绝缘电阻值低,就可能形成反馈电路,增加功率损耗,造成串音干扰等。超量的漏电流能产生热或直流电解而破坏绝缘,引起短路,危及安全。绝缘电阻值是由介质的绝缘介电能力决定的,绝缘电阻值越大越好。

绝缘电阻是衡量电连接器接触件之间和接触件与外壳之间绝缘性能的指标,其数量级为数百兆欧至数千兆欧不等。绝缘电阻见表2.5。

表 2.5　绝缘电阻

工作环境	绝缘电阻/MΩ
常温状态	>5 000
湿热状态	≥100

6. 低电平

电连接器在低电平小电流状态下(低电平电路)考查接触件的接触电阻特性。电连接器在低电平电路接触件的接触电阻是在施加开路试验电压不超过 20 mV,电流限制在 100 mA 下进行测量的。

7. 电磁屏蔽

屏蔽就是将电连接器用金属壳体封闭起来以阻止内部电磁能辐射或受到外界电磁场干扰。目前对屏蔽装置如何衰减电磁干扰有两种解释:一种是干扰电磁场在屏蔽物中产生感应电流,从而又形成磁场,恰好抵消外来的干扰;另一种是把屏蔽过程看成是电磁波反射和吸收的综合,当一个电磁波碰到屏蔽物时,它的一部分能量被反射,一部分能量被吸收,还有一部分能量穿透屏蔽物。

电连接器通常采用插头插座的金属壳体相互良好的搭接,且接触电阻、内阻抗越小越好。

8. 压接接触件有关数据

压接接触件有关数据见表2.6。

表 2.6 压接接触件有关数据

接触件规格	工作直径 mm	插针色标	插孔色标	压线筒内径 mm	压线筒外径 mm	适配电线截面 mm²	适配美标线缆 AWG	适配电线绝缘外径 mm
22D	Φ0.76	橙-蓝-黑	橙-黄-灰	0.85	1.20	0.08 0.125 0.2 0.3	28 26 24 22	0.76～1.37
20#	Φ1.00	橙-蓝-橙	橙-绿-棕	1.17	1.78	0.2 0.3 0.5	24 22 20	1.02～2.11
16#	Φ1.60	橙-蓝-黄	橙-绿-红	1.68	2.62	0.5 0.8 1.0 1.2	20 18 16	1.65～2.77
12#	Φ2.40	橙-蓝-绿	橙-绿-橙	2.49	3.84	2.0 3.0	14 12	2.46～3.61
10#	Φ3.15	绿-红-灰	绿-橙-紫	3.40	4.65	3.0 4.8	10	3.42～4.12
8#	Φ3.6			4.55	6.4	8.37	8	6.4～6.9

2.5.2 机械性能参数

插拔力是电连接器的重要机械性能参数。插拔力分为插入力和拔出力(拔出力亦称分离力),两者的要求是不同的。在有关标准中有最大插入力和最小分离力规定,这表明,从使用角度来看,插入力要小,而分离力若太小,则会影响接触的可靠性。另一个重要的机械性能是连接器的机械寿命。机械寿命实际上是一种耐久性,又把它叫作机械操作。它是以一次插入和一次拔出为一个循环,以在规定的插拔循环后连接器能否正常完成其连接功能(如接触电阻值)作为评判依据。连接器的插拔力和机械寿命与接触件结构(正压力大小)接触部位镀层质量(滑动摩擦因数)以及接触件排列尺寸精度(对准度)有关。

1. 振动

电连接器在规定的频率、振幅范围内的振动条件下工作,产品不被破坏,不应产生物理损伤、电流间断、机械零件疲劳和失效;其指标的确定根据飞机的振动指标来确定,一般要比飞机要求指标高;其设计原则是纯机械的。

2. 冲击

电连接器在航空装备着陆、粗鲁搬运、炮火及爆炸等冲击条件下不被破坏。产品同样要求不应产生电流间断、机械零件损伤等。其指标也是根据飞机的要求来确定的,其设计原则是纯机械的。

3. 加速度

航空装备在飞行中的拉起、爬升、俯冲、盘旋等情况下所产生的加速度作用力,一般只对航空系统提此项要求。

4. 插拔力

电连接器的插拔力是由接触件的插拔力和产品机件组合等因素综合形成的。而每一对接触件的插拔力是影响接触可靠性的重要因素。插拔力的大小是由设计结构的正压力决定的,而正压力的大小直接影响接触电阻的大小,并影响到振动、冲击等环境中电连接器的可靠性。

5. 机械寿命

电连接器的寿命有的规定要求多少年无故障工作,有的要求满足规定的插拔次数,在规定的插拔次数内,应无机械损坏,不应降低电连接器的使用性能。不论规定期限多少年或插拔次数多少次,两个指标均以先达到者为限。

2.5.3 环境性能参数

常见的环境性能包括耐温、耐湿、耐盐雾、振动和冲击等。

目前飞机用电连接器的最高工作温度为 200℃(少数高温特种连接器除外),最低温度为－65℃。

由于电连接器工作时,电流在接触点处产生热量,导致温升,因此,一般认为工作温度应等于环境温度与接触点温升之和。在某些规范中,明确规定了连接器在额定工作电流下容许的最高温升。

耐湿潮气的侵入会影响电连接器的绝缘性能,并锈蚀金属零件。

耐盐雾连接器在含有潮气和盐分的环境中工作时,其金属结构件、接触件表面处理层有可能产生电化学腐蚀,影响电连接器的物理和电气性能。

耐振动和冲击是电连接器的重要性能,它是检验电连接器机械结构的坚固性和电接触可靠性的重要指标。

根据使用要求,电连接器的其他环境性能还有密封性(空气泄漏、液体压力)、液体浸渍(对特定液体的耐恶习化能力)和低气压等。

(1)温度。包括高温、低温和高低温冲击三种环境条件,因此,要求电连接器应在此环境条件下具有工作能力。其温度范围的规定根据飞机的工作环境温度来确定。

高温能使电连接器温度升高,绝缘电阻降低,接触件的电阻增加。低温将使电连接器中的金属和非金属零件变脆,并以不同的收缩率发生收缩,极低温度能使机械装置失灵,非金属零件脆裂和密封失效。高低温冲击大幅度的温度变化,会使电连接器中各种不同材料的界面歪曲和断裂、密封破坏、绝缘体龟裂而浸入杂质造成有害影响。

(2)潮湿。电连接器在规定的湿热条件下应具有工作能力。在湿气的作用下,电连接器的性能会发生退化。由于绝缘材料吸收水气形成水膜,金属件和绝缘体受潮而导致金属材料的腐蚀、有机材料的变形和分解、材料成分的浸析和消耗。潮湿的条件应根据飞机实际工作的环境条件来确定,一般用该环境下的耐电压来考量。

(3)低气压。电连接器在高空低气压环境中应具有规定的电性能,不应产生电晕和闪络。高真空可以消除电晕。当气压介于标准大气压和高真空之间时很快出现电晕效应,因此,电连接器的界面结合处、接触件间距、漏电路径应考虑电晕因素的影响。

低气压指标一般对高空工作的电连接器提出。

(4)霉菌。电连接器长霉使其材料被分解而遭到破坏。霉菌能使金属腐蚀、非金属材料发生物理和化学变化。长霉结果使电连接器的绝缘性能彻底破坏,接触件之间、接触件与壳体之间短路、击穿,最终使电连接器失效。霉菌的等级根据产品的工作环境来定。

(5)盐雾。电连接器应具有耐盐雾能力,以检查其金属镀层和非金属保护涂层的均匀性,特别是涂层的厚度和多孔性。该指标主要是考核电连接器在海洋气候条件下的工作能力,其耐盐雾指标的确定根据工作的环境来定。

第3章
电连接器的选型

　　电连接器的选择应为飞机及其使用人员提供最大程度的安全性和可靠性。电连接器的选用应将电连接器的设计制造和使用维护有机结合。

　　只有对电气和环境要求明确之后才能对电连接器进行合理的选择。尺寸、重量、加工工艺、保障和使用维护，以及与标准规范的兼容性等都应予以考虑。为了便于组装与维护，除非有气密要求，通常情况下选用压接型电连接器。

3.1　连接器选用要求

1.电参数选用要求

　　电连接器是连接电气线路的机电元件。因此电连接器自身的电气参数是选择连接器首先要考虑的问题。同时还要结合飞机的使用环境来综合考虑。在选择电连接器时，首先要考虑电压和电流的要求，其次要考虑的电参数有接触电阻、最大电流和最大电压。

　　根据不同的使用环境和安全要求，选择使用不同的最高工作电压类型的电连接器。

　　压接式插头、插座的压接强度直接影响插头插座的电性能和机械强度，所以，选用插头、插座的针孔规格要与所选定的电线相匹配。根据电线类型和需要承载的电流大小选用电连接器合适电流的接触件。要考虑电连接器内部的温升不超过接触件设计的额定电流规定值。在选择时要注意的问题是，对多芯电连接器而言，接触件额定电流必须降额使用。

　　为了防止在电连接器未插配时发生人员触电危险和带电电路意外短

路,电连接器应选择带电端为插孔式;电连接器的接触件原则上选择机载设备端(非电源端)为针,电网端(电源端)为孔。机载设备上的引用线束(甩辫子)应当采用插头,电网端为插座。

270 V 直流供电不使用小于 20♯ 的接触偶。在 270 V 直流供电电路的电连接器中,应选用接触偶的位置使其间距最大,以防止相邻接触偶间产生电弧,并排除与其他接触偶或与壳体短路的隐患。

270 V 直流供电提倡使用单独的电连接器,如在同一个电连接器中存在 270 V 直流、115 V 交流和 28 V 直流混用。

2. 接触件连接方式和外形

航空插头的外形千变万化,用户主要是从直形、弯形、电线或电缆的外径及与外壳的安装固定要求、体积、质量、是否需连接防护等方面加以选择。飞机上的接触件常用直形,为插针或插孔形式。

3. 机械参数要求

在选用电连接器时,除了考虑电连接器所占据的空间和尺寸限度外,还须考虑下列机械参数:振动和冲击、锁紧方式、定位键、安装方法和维修要求。

4. 环境参数要求

电连接器在使用和运输过程中所处的环境对其性能有显著影响,所以要根据预期的环境条件选用相应的电连接器。根据不同的腐蚀环境,选用由相应金属、复合材料镀层结构的电连接器。

5. 额定电压和电流

在选择电连接器参数时,额定值应当满足最大环境温度和电路负载电流的要求。气密连接器和通过高冲击电流的电连接器必须进行降额使用。

6. 备用的接触体

为了便于后续增加线路的需要,通常设置有备用接触体。这些备用的接触体一般设在电连接器的外部,便于以后的接线。所有备用电连接器和测试用电连接器应带有保护盖,并将它们妥善固定好;不接线的空闲接触偶应装入电连接器中。对于使用封严体进行尾部保护的电连接器,在封严体上的空闲位置中应装入专用的封严体,以防止异物和湿气进入电连接器内部。

7. 冗余

冗余系统中实现相同功能的电线,应通过单独的电连接器进行敷设。

8. 相邻位置

相邻电连接器不应发生接插错误。为了避免这种情况,相邻的电连接器应具有不同的外壳尺寸或连接方法、孔位排列或键位。

9. 密封

有一种电连接器可通过外部或界面的密封(在电连接器对接之后,这些密封面会被压紧)来阻止湿气的进入。应使电线外径和连接器尾部封严体过孔相匹配,以避免湿气从连接器的尾部进入。

有密封要求的成品部件插座选用烧结密封锡焊式螺母安装电连接器插座。

10. 雷击

在可能直接遭受雷击或雷电由电缆传导到设备的地方,应当选用能够承受雷击类型的电连接器。

11. 排漏

电连接器安装时应确保能将湿气和流体排出,而不进入电连接器。

12. 电线支撑

对于无法放置于壳(盒)内的电连接器应使用能提供应力放松类型的尾线夹。

13. 标识

应为每个电连接器提供标识。标识在飞机的预期寿命周期中都应是清晰可读的。

3.2 安装要求

不同电连接器的安装参见飞机系统的具体要求。

电连接器在选择完成后,还要考虑与设备、飞机结构框、长绗、固定连接板之间的防腐性,同时应当满足以下要求:

(1)电连接器与电子设备、飞机框架/蒙皮结合表面结构应尽量平整、光滑,并尽量避免凹槽、盲孔、缝隙、孔隙、尖角,使腐蚀性介质不易滞留和聚集;安装电连接器的结构件的表面应完全支持镀、涂等防护工艺的实施。

(2)外露电连接器应选择不锈钢或钛合金壳体耐环境的圆形连接器,矩形连接器应在电子设备内部选用。

(3)外露连接器应尽量在通风的环境中使用,防止电缆尾部附件积水。

(4)电连接器应防止水顺着外露电缆进入电连接器,外露电缆应采用带橡胶保护的整缆,以及在成束电线外增加热缩管防水保护。外露电缆在电连接器附近设计滴水环。

(5)连接器与电子设备、飞机框架/蒙皮安装时应选用电位接近的金属。外露及海上电子设备允许的电化偶必须加以控制,对电位差大的金属,必须采用合适的镀层,或用非金属(涂层)隔离。

(6)为保证电连接器的可靠连接和维护性,必须考虑插拔插头的操作空间,圆形连接器的连帽周围至少留有 20 mm 的空间。为便于拆卸,电连接器间的距离应尽可能大,若使用拆卸钳,其最小间距应为 15 mm。

(7)同一机载设备或在机上相邻安装的机载设备,采用若干相同类型的电连接器时,为防止互相插错,各电连接器应采用不同的键位号。

(8)严禁电连接器垂直向上方向安装,不可避免时其连接的线束应设置滴水环。若使用圆形电连接器,其主键槽应尽量朝上,或者对着操作者;只要可能,应避免将电连接器的轴线垂直放置。若只能垂直放置时,必须采取专门措施,以防液体渗入。

(9)安装在气密结构上的电连接器应使用气密型的,其法兰盘尽量安装在增压一侧。带法兰盘的固定式电连接器一般用四个螺钉固定,也可用两个螺钉在法兰盘的对角线方向固定;不带法兰盘的电连接器可用卡箍或快卸锁固定。

3.3 限 制

(1)限制选用 GJB 599A 规范Ⅱ系列、短壳体、卡口连接电连接器。

(2)接触偶的最大电流不能超过接触偶的额定值和 GJB 1014A 中电线的额定值。当电连接器中连接的接触偶全部处于长期状态或者接触偶中有一半以上处于最大额定工作状态时,则必须降额使用。

(3)供电和控制回路电连接器应有满足功率需要的不同规格的接触偶。不要在供电电路中采用并联接触偶来满足载流量的要求。

3.4 电连接器的选用

在飞机上选用的电连接器必须满足安装位置处腐蚀防护要求、防水以及密封等要求。此外,除考虑海洋气候环境下耐腐蚀的要求外,还要综合考虑不同工作区域选用的连接器应满足其他性能要求,如防淋雨、耐高温、电磁兼容等。同时,产品重量、加工难度及成本也是应考虑的要素。

电连接器是 EWIS 的主要部件,在飞机上用量很大,因此,针对飞机的特殊使用环境,对 GJB 599A 系列型号的电连接器按照不同的材质、镀层进行了摸底试验。根据海上环境适应性试验结果,电连接器壳体材料耐蚀性按从强到弱的顺序排列依次为:钛壳体无表面处理>不锈钢壳体钝化>复合材料壳体镀镉>复合材料壳体镀镍>铝合金壳体镀镉>不锈钢壳体镀镍>铝合金化学镀镍。其中,铝合金化学镀镍壳体腐蚀最为严重,不能满足海洋环境下飞机上安装使用要求,不推荐使用。耐海洋气候环境推荐优选连接器见表 3.1。

表 3.1 耐海洋气候环境推荐优选连接器

类别	型号	简介	壳体材料	适用环境等级
圆形连接器	GJB 599 Ⅰ系列	符合 GJB599A 标准要求,卡口式连接,接触件可取送,五键定位,可盲插、防错插、防斜插,优秀的耐环境能力	铝合金镀镉	内部封闭、内部半封闭环境较好区域
			不锈钢、钛合金	内部封闭、内部半封闭、敞开外露
	GJB 599 Ⅲ系列	符合 GJB599A 标准要求,三头螺纹快速连接,接触件可取送,五键定位,可盲插、防错插、防斜插,优秀的耐环境能力	铝合金镀镉、复合材料	内部封闭、内部半封闭环境较好区域
			不锈钢、钛合金	内部封闭、内部半封闭、敞开外露
	J 599大功率系列	外形尺寸符合 GJB599A 系列Ⅲ,螺纹连接,供设备间大功率电源信号传输使用,额定工作电流为 5～225 A,产品尾端有焊接和压接两种接线形式	铝合金镀镉	内部封闭、内部半封闭环境较好区域
			不锈钢、钛合金	内部封闭、内部半封闭、敞开外露
	J 599HR系列	符合 GJB599A 系列Ⅲ要求的改进产品,与标准 J599Ⅲ系列插座对接,双重锁紧止动机构,耐更高等级振动、冲击,接触件可取送,五键定位,可防错插、防斜插,质量轻	铝合金镀镉	内部封闭、内部半封闭环境较好区域
			不锈钢、钛合金	内部封闭、内部半封闭、敞开外露
	J 599G系列	符合 GJB599A 系列Ⅲ要求的改进产品,增加不可视条件下到位识别功能,特别适用于空间狭小、黑暗等无法通过视觉确认对接状态的情况,使产品操作更方便,连接更可靠	铝合金镀镉	内部封闭、内部半封闭环境较好区域
			不锈钢、钛合金	内部封闭、内部半封闭、敞开外露

续 表

类别	型号	简介	壳体材料	适用环境等级
圆形连接器	J 599 系列差分连接器	符合 GJB599A 系列Ⅲ的标准接口,三头螺纹快速插配并带有防松机构,五键定位,可盲插、防错插、防斜插,传输速率可达 1.65Gbps,标准 8♯差分接触件,可与功率、高频、光纤接触件混装	铝合金镀镉、复合材料	内部封闭、内部半封闭环境较好区域
			不锈钢、钛合金	内部封闭、内部半封闭、敞开外露
矩形连接器	MK 4 系列	符合 EN4165 标准要求的小型模块化矩形电连接器,可实现光、电、射频及差分等信号集成传输	复合材料铝合金镀彩虹镉	内部封闭
	MK 6 系列	符合 ARINC600 标准要求的模块化机柜式矩形电连接器,可实现光、电、射频及差分等信号集成传输,多用于集成安装架及设备托架等场合	铝合金镀彩虹镉	内部封闭
	MK 7 系列	符合 MIL—DTL—83527B 标准要求的模块化机柜式矩形电连接器,可实现光、电、射频及差分等信号集成传输,多用于集成安装架及设备托架等场合	铝合金镀彩虹镉	内部封闭
	J 177 系列	符合 GJB177A 标准要求,具有单联、双联、三联和四联壳体结构,可以在同一壳体内实现多种接触件单装或混装,梯形金属外壳可实现防误插功能,可以实现滤波功能来保护信号完整,适用于军用航空电子设备与机柜间的连接	铝合金镀彩虹镉	内部封闭
	J 12 系列端接模块	符合 MIL—T—81714 系列Ⅱ标准,是一种新颖简单的端接元件,适用于所有需要端接导线的电气系统中	复合材料	内部封闭、内部半封闭

续 表

类别	型号	简介	壳体材料	适用环境等级
集成模块化连接器	LRM系列	适用于 SEM—D, SEM—E 和 ASAAC 模块,高可靠性的爪簧接触件,模块化组合式结构,可同时实现射频、差分、光、电源等多种信号集成传输	铝合金镀彩虹镉	内部封闭
微矩形连接器	J29系列	金属屏蔽外壳,绞线式弹性插针(麻花针),接点间距 1.91 mm、排距为 1.65 mm,压接、焊接、直式印制板、弯式印制板等多种端接形式	铝合金镀镍不锈钢	内部封闭
	J30J系列	符合 GJB2446(MIL—C—83513)要求,绞线式弹性插针(麻花针),采用 1.27 mm 网格间距,接触件密度大,产品体积小、质量轻	不锈钢	内部封闭
	HJ30J系列		不锈钢	内部封闭
	J30JZ系列		不锈钢	内部封闭
	J70系列	符合 GJB7245 要求,绞线式弹性插针(麻花针),0.635 mm 间距高密度接点	铜合金镀镍	内部封闭
射频同轴连接器	N/SMA系列	体积小、频带宽、机械电器性能优越、可靠性高;广泛用于微波通信、武器系统及微波测量设备等领域	铜合金、不锈钢	内部封闭
光纤连接器	J599系列光纤连接器	符合 MIL29504 标准要求及 GJB599A 系列Ⅲ标准接口,三头螺纹快速连接,并带有防松脱机构,五键定位,可盲插、防错插、防斜插,接触件可取送,采用陶瓷插针和套管实现精密对接	铝合金镀镉、复合材料	内部封闭、内部半封闭环境较好区域
			不锈钢、钛合金	内部封闭、内部半封闭、敞开外露

续表

类别	型号	简介	壳体材料	适用环境等级
光纤连接器	J599A8系列光纤连接器	符合 ARINC801 标准要求及 GJB599AⅢ系列标准接口,三头螺纹快速连接,并带有防松脱机构,五键定位,可盲插、防错插、防斜插,接触件可取送,采用陶瓷插针和套管实现精密对接	铝合金镀镉	内部封闭、内部半封闭环境较好区域
			不锈钢、钛合金	内部封闭、内部半封闭、敞开外露
1553B数据总线连接器	CACB1系列连接器	专用于1553B数据总线系统,导线压接形式,具有体积小、质量轻、耐环境、360°屏蔽、安装方便、可靠性高	铜合金镀镍	内部封闭、内部半封闭
	DK—621系列连接器	专用于1553B数据总线系统,有螺纹式、四卡口式、三卡口式三种连接方式,体积小、质量轻、耐环境、360°屏蔽,安装方便、可靠性高	铜合金镀金	内部封闭、内部半封闭
1553B数据总线耦合器	CAMB系列耦合器	符合 GJB289A 与 GJB5186.7 标准要求,体积小、质量轻、价格低廉,应用灵活,连接器能够完全与国外同类产品互换对接	非金属封装	内部封闭、内部半封闭
	D—500系列耦合器		非金属封装	内部封闭、内部半封闭

3.4.1 材料的选用

1. 圆形连接器电连接器材料的选用

使用环境等级为Ⅰ级(良好)、Ⅱ级(一般)区域内的机载设备电连接器可选用复合材料镀镉壳体、复合材料镀镍壳体、铝合金镀镉壳体、无表面处理钛合金壳体;使用环境等级为Ⅲ级(恶劣)机载设备的电连接器可选用无表面处理钛合金壳体→不锈钢钝化壳体→铝合金镀镉壳体;有电磁环境要求的机载设备可选用复合材料镀镍壳体、不锈钢钝化壳体、铝合金镀镉壳体;根据耐蚀性规律,电连接器壳体材料的优选顺序为无表面处理钛合金壳体→不锈钢钝化壳体→复合材料镀镉壳体→复合材料镀镍壳体→铝合金镀镉壳体;选用电连接器壳体材料时尽量与机载设备、飞机结构连接处的材料一致,避免不同类金属接触;不可避免时,应考虑金属材料之间的相容性,同时采取防护措施,避免电偶腐蚀。与安装面板接触的压紧螺母零件采用复合材料 PEI 和钛合金,这两种材料与不锈钢、铝合金、钛合金等多种材料的面板接触时均不会发生电偶腐蚀;与安装面板接触的外壳体零件采用复合材料 PEI、复合材料 PEEK 镀镍、铝合金镀镉及钛合金材料,除了复合材料 PEI 和钛合金材料适用于全部面板材料外,复合材料 PEEK 镀镍、铝合金镀镉均有特定的使用场合,铝合金镀镉的外壳体适用于铝合金材料面板上,面板材料为不锈钢和钛合金时则均可采用复合材料 PEEK 镀镍的外壳体;针对安装面板材料,采用适用的连接器,避免接触腐蚀的发生。

2. 对矩形连接器电连接器材料的选用

与圆形连接器相似,推荐选用铝合金镀镉、钛合金和不锈钢钝化的矩形电连接器,铝合金镀镍壳体的连接器在海洋环境下耐蚀性较差,壳体极易发生腐蚀,海洋环境下的飞机不推荐使用。

3.4.2 尾部附件的选用

选用尾部附件对电缆进行夹紧,能有效避免或减少端接处的微幅振动或相对微动。飞机上经常选用的尾部附件有压线板式直式屏蔽、压线板式直式非屏蔽尾部附件,压线板式弯式屏蔽、压线板式弯式非屏蔽尾部附件以及带记忆环式屏蔽尾部附件等。

尾部附件的材料选用在 3.4.1 节中已介绍。记忆环式尾部附件结构示意图见图 3.1。

带记忆环式屏蔽尾部附件属于屏蔽非夹线直式尾部附件,产品结构示意图见图 3.1。尾部附件前端接口尺寸按标准进行设计,保证与连接器尾部螺纹可靠连接;出线口直径设计有不同的规格,可根据线缆的实际线径选用相应规格;尾部附件内部结构根据出线口直径规格自行设计。由于该型尾部附件无夹线结构,故不能夹紧线缆,尾部附件设计和选用时均需考虑防止线缆磨损问题。尾部附件封线体压圈内部的棱角过渡处及尾部出线处均设计有相应的过渡圆角;尾部附件选用时根据线缆直径选用相应规格出线口的尾部附件,二者间隙不宜过大。

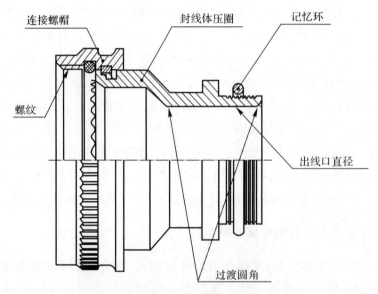

图 3.1　记忆环式尾部附件结构示意图

3.4.3　插头、插座连接形式的选用

飞机上插头、插座连接形式常用卡口连接、螺纹连接两种形式。

卡口耦合连接方式具有快速连接、体积小、质量轻,EMI/RFI 屏蔽,抗高强度振动等特性。壳体防斜插,盲插条件下也能对接触件进行保护。

三头螺纹快速连接带有防松装置,具有抗高温下高强度振动的特性;配套接触件材料选用铜合金;表面处理方式为镍上镀金。

3.4.4　插座在飞机上的安装形式的选用

飞机上一般都选用插座安装形式,常用的有方盘插座和螺母安装插座等形式,螺母安装插座形式分为气密穿墙螺母安装和非气密螺母安装两种形式。

飞机上常用的电连接器结构形式见图3.2。

图 3.2 飞机上常用的电连接器结构形式

第4章
电连接器与电线连接设计

本章主要介绍电连接器接触偶与电线、电缆的连接设计和制作的一般程序和方法。接触偶的拔出和插入、电线的终端处理以及插头(座)的保险程序等均属本章介绍的重点内容。

4.1 连接工具

4.1.1 压接工具

压接工具是一种类似手钳的工具,用于电线与插头、插座接触偶的压接。不同系列电连接器应采用相应的压接工具进行压接。应严格按照产品型别和接触体规格所对应的压接钳型号选择相应的压接工具。

常用的典型压接工具——手压钳,见图4.1。

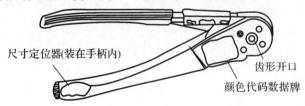

尺寸定位器(装在手柄内)
齿形开口
颜色代码数据牌

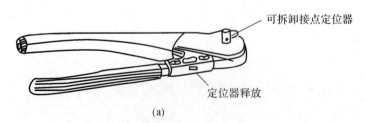

可拆卸接点定位器
定位器释放

(a)

图4.1 典型压接工具——手压钳

(a)压接工具 MS3191-1

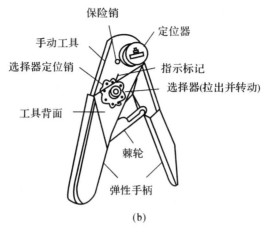

（b）

续图4.1 典型压接工具——手压钳

（b）压接工具 M22520

4.1.2 插头安装工具

为防止损伤插头,建议使用专用插头钳,插头钳用于松开或紧固插头。插头钳有带垫的可调钳口。插头钳视情况选用,常用的典型插头钳工具见图4.2。

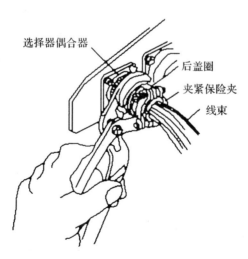

图4.2 插头钳

4.2　电线与接触偶的端接法

（1）根据选定的插头（座），将电线端头的绝缘层剥至需要长度。

（2）将剥制好的线芯顺直插入接触偶收压筒内并到位。

注：有观察孔的接触偶，应从观察孔中看见线芯。

（3）当线芯截面（或电线号）小于接触偶收压筒规定使用的电线规格时，应使用与该电线相同的线芯补充填至规定值，然后从接触偶收压筒口齐平剪除补充线芯的多余部分。

（4）将电线与接触偶组件插入压钳的定位器中，操纵压钳手柄进行收压。当收压到位，压钳手柄自动张开时，取出收压组件。

（5）对压接组件进行手感拉力检查（或用弹簧拉力计检查），应满足规定值。

（6）压坑位置及电线绝缘层端面与接触偶收压筒间隙应符合规定。

压接端接法见图 4.3。

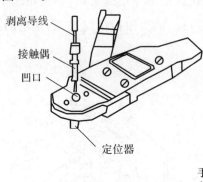

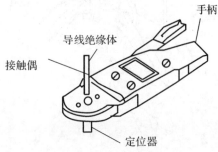

压接工具

图 4.3　典型压接端接法

导线绝缘套

被压钳的四个齿压接后的接触偶套筒

从检查孔可以看到导线压接后的接触偶

续图4.3 典型压接端接法

压接程序如下：

(1)把束紧的电线插入接触偶中。

(2)将接触偶通出凹口插入工具的定位器中。

(3)紧握(收压)手柄到止点。

(4)在压好之前,手柄不能松开。

4.3 屏蔽电缆与电连接器壳体的连接设计

(1)接向尾部为夹板式电气插头的屏蔽电缆或外层套有屏蔽编织套的电缆的搭接,按如图4.4所示将屏蔽电缆或屏蔽编织套的终端收头引线的接线端子固定到电气插头尾部夹板的固定螺钉上。

1)每个插头尾部夹板螺钉上最多只能固定两个接线端子。

2)若有多根屏蔽电线,可进行适当的拼接组合。

(2)尾部不带夹板式电气插头的屏蔽电缆搭接时,须在插头处配带出线嘴,然后剪切一段屏蔽套,焊接到插头出线嘴焊接管嘴内圈上,再将焊有出线嘴管嘴内圈的屏蔽套套装到屏蔽电缆的插头尾壳前面,使屏蔽套(即焊接管嘴)与插头(座)保持良好的电接触,见图4.5。

(3)接向接线盒的屏蔽电缆的搭接,按下列要求进行：

1)将每根屏蔽电缆或屏蔽电缆的屏蔽套在进入接线盒之前进行终端处理。

2)将屏蔽套的辫子引线固定到盒体上或机体结构上。

(4)敷设在机体内部的屏蔽电缆按如图4.5所示用搭接卡箍固定到机体结构上。

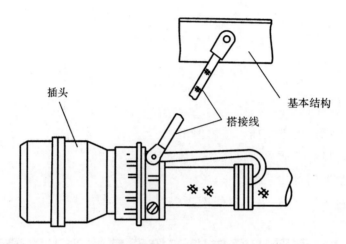

图 4.4　屏蔽电缆与夹板的连接

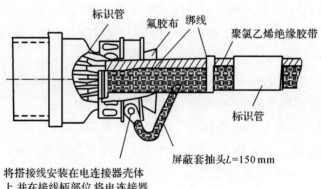

图 4.5　带法兰盘式插座上屏蔽电缆的搭接

　　(5) 屏蔽电缆上带有法兰盘式插座安装时,按如图 4.6 所示进行搭接。

　　(6) 常用屏蔽套与电连接器壳体连接方法见图 4.7。

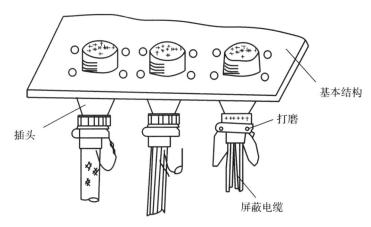

图 4.6 屏蔽电缆与电连接器壳体连接

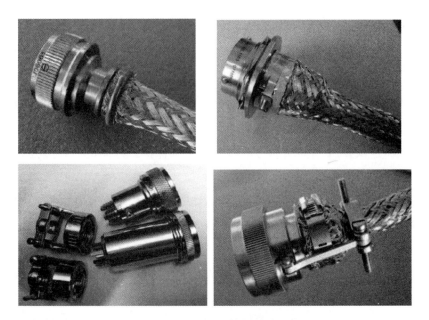

图 4.7 屏蔽套与电连接器壳体连接

第5章

电连接器的安装设计

5.1 电连接器安装设计要求

电连接器在选择完成后,还要考虑与设备、飞机结构框、长绗、固定连接板之间的防腐性,同时应当满足以下要求:

(1)电连接器与电子设备、飞机框架/蒙皮结合表面结构应尽量平整、光滑,并尽量避免凹槽、盲孔、缝隙、孔隙、尖角,使腐蚀性介质不易滞留和聚集;安装电连接器的结构件的表面应完全支持镀、涂等防护工艺的实施。

(2)外露电连接器应选择不锈钢或钛合金壳体耐环境的圆形连接器,矩形连接器应在电子设备内部选用。

(3)外露连接器应尽量在通风的环境中使用,防止电缆尾部附件积水。

(4)应防止水顺着外露电缆进入电连接器,外露电缆应采用带橡胶保护的整缆,以及在成束电线外增加热缩管防水保护。外露电缆在电连接器附近设计滴水环。

(5)连接器与电子设备、飞机框架/蒙皮安装时应选用电位接近的金属。外露及海上电子设备允许的电化偶应必须加以控制,对电位差大的金属,必须采用合适的镀层,或用非金属(涂层)隔离。

(6)考虑耐蚀性和可靠性,在结构附件舱底部边缘设计安装电连接器是最差的选择。潮气和吸潮的残渣、碎屑会在此处聚集。许多实例表明,由于机架排水不畅,设备舱等底部和边缘连接器会浸入水里。虽然垂直方向插拔矩形连接器更为方便,但出于耐蚀性考虑,还是要求连接器水平安装在机箱垂直边缘,而不是底部。避免安装在设备底部的连接器插座因为积水造成的腐蚀,避免垂直安装在连接器底部的插头出现腐蚀。

(7)禁止连接器插头、插座选用不同材料。安装时必须保证持续的锁紧力和密封压力,防止因弹射起飞、拦阻降落、机动飞行、振动、温度变化等因素造成松脱。为控制腐蚀和潮气聚集在连接器上,可在矩形电连接器上预喷一层航空级电子设备专用缓蚀剂后再安装。

5.2　飞机电连接器及其尾部附件安装易腐蚀薄弱环节

在海洋环境下,飞机机身内部会有电解液的存在,这些液体不会立即从附近排水孔排出而脱离飞机。相反,会顺着线束流动。除了重力会使水流动之外,飞行时的机动、弹射和刹车会使液体顺着各种线束运动。表5.1列举了易受液体或潮气侵入的典型飞机电连接器及其尾部附件部位多种侵入方式的组合,还有液体会随着温度、气压等的变化而蒸发、冷凝,使得水或其他液体存在于飞机电连接器及其尾部附件中。

表5.1　电连接器及其尾部附件需考虑的薄弱点

电连接器及其尾部附件薄弱点	效　果
紧固件区域	湿气或液体侵入
水平面上的通道口	湿气或液体侵入
O形圈恶化	"呼吸效应"导致湿气或液体侵入
现场成形的密封质量	"呼吸效应"导致湿气或液体侵入
电连接器(多孔和同轴)	潮气或液体从绝缘胶和漏电路径处侵入
印制电路板	潮气或液体从绝缘胶和漏电路径处侵入

电子设备电连接器,含低频、同轴和印制电路板上安装的边缘连接器,受到外界湿热、温度、盐雾等影响易发生腐蚀(尤其是壳体和接触偶部位),因此频繁出现断路、短路现象,是机载电子设备防护的薄弱环节。

腐蚀环境因素并非是单独作用,而是同时存在、相互叠加的,对连接器产生影响,主要表现在以下几方面。

1.接触电阻增加

在高温、高盐雾环境中,连接器插针、插孔的金、银镀层表面通常凝聚有含杂质的水分子,因而在腐蚀性气体硫化氢(H_2S)、二氧化硫(SO_2)等的共同作用下,加速了镀层的腐蚀进程,使接触电阻增大、接触不良。另外,连接器插拔引起镀层的机械磨损,也会导致接触电阻增大。

2.绝缘性能降低

在高温作用下,环境中的潮气或盐雾以气态形式存在,具有很强的渗透性,可以进入连接器各细小的缝隙,当温度降低时则会在所依附的表面形成连续的电解液膜,使绝缘性能降低,甚至引起打火、短路等,导致整机产生误操作或无法正常工作;若遭遇雨雪等恶劣天气环境,大量水滴直接渗入外接电连接器内部,将导致严重打火、短路,系统无法加电工作而致系统或设备瘫痪。

3.造成连接器金属的电偶腐蚀

当镀层受损破坏时,镀层金属与基体金属在由潮气或盐雾形成的电解液的作用下,就会发生电偶腐蚀。电偶腐蚀是一种剧烈的氧化-还原反应,而高温会加速该反应进行,最终使连接器的电接触部位被腐蚀断裂,导致短路。

以下情况也最容易引起电连接器的腐蚀问题。

(1)更换电连接器内的接触偶,最容易造成后壳的密封不良等问题。

(2)出于空间限制和减重要求,线束一般比较短,并且在尾部附件上的捆扎也比较单薄,弯曲半径也小。这样不仅使以后的维修困难,而且很小的弯曲半径使得线束在尾部附件的边缘承受挤压力。无法释放的挤压力在振动和飞行载荷作用下会破坏电连接器的尾部衬垫或密封。更严重的是,若挤压和很小的弯曲半径共同作用在局部,会使线束的绝缘受到破坏

（破裂、分层、外层剥离等）。大多数飞机的线束问题都发生在进入电连接器的端部段部位，如果没有留余量就很难修复。

（3）圆形连接器的插接方式容易造成潮气进入连接器内部，温度降低水气会冷凝。潮气既有可能引起漏电，也可能造成腐蚀。传导通常发生在插针外径和插孔外径 15% 的区域，所以在接触偶表面小的腐蚀就能引起信号的严重衰减。

飞机电连接器及其尾部附件安装易腐蚀薄弱环节见图 5.1。

图 5.1　飞机电连接器及其尾部附件安装易腐蚀薄弱环节

5.3　机载设备上的电连接器安装腐蚀防护设计

5.3.1　机载设备上电连接器安装要求

（1）尽量水平安装电连接器（通过垂直面），若不可避免要在设备箱顶部安装电连接器，应提供一个相对周围水平区域稍高的电连接器安装底座。

（2）使用 L 形的电连接器尾部附件，以便线缆水平接到垂直安装的电连接器上部，避免水流沿着电缆流入连接器内部。

（3）所有穿透箱体和封闭腔体的电连接器必须进行密封处理。

机载设备箱安装电连接器的一个基本原则是采用水平安装，避免垂直地安装电连接器，这样，冷凝水就不会顺着电连接器渗入设备箱内部，或是聚积在连接部位并使该区域产生腐蚀。机载设备上的电连接器安装示意图见图5.2，典型电连接器的安装见图5.3。

可使用 L 形的电连接器尾部附件，改变的电连接器接插处理，使得电连接器最终水平进入到设备箱内，见图5.4。

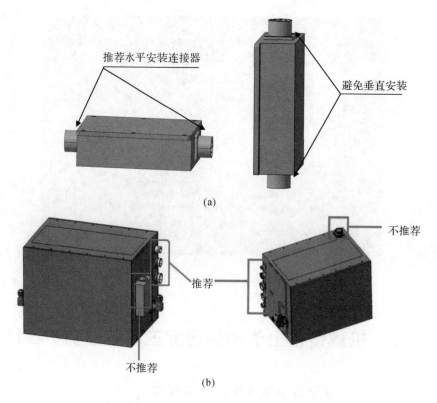

图5.2　机载设备上的电连接器安装示意图

(a)封闭设备电连接器安装；　(b)设备箱电连接器安装

（4）所有穿透箱体和封闭腔体的电连接器需采用密封剂进行密封处理。

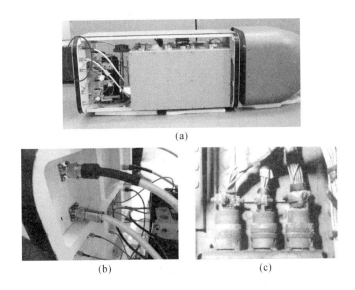

(a)

(b)　　　　　　　　(c)

图5.3　典型电连接器的安装

(a)可接受的水平安装；　(b)可接受的水平安装(详图)；　(c)不可接受的垂直安装

图5.4　L形电连接器尾部附件

5.3.2　机载设备插座与面板间的安装防护示例

穿透设备箱的配件密封见图5.5和图5.6。

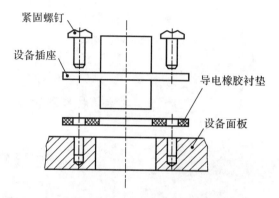

图 5.5　机载设备插座与设备面板间的导电密封

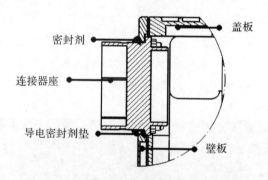

图 5.6　穿透箱体的电连接器密封结构图

5.4　飞机电连接器安装腐蚀防护设计

飞机上常用的电连接器安装有方盘插座和螺母安装插座两种形式。

下面主要介绍电连接器与安装板接触面的防护安装处理、插座法兰与安装板缝隙的防护安装处理以及紧固件的安装处理等。

飞机结构电气分离面部位属于电连接器直接安装部位，可能存在紧固件缝隙、电连接器安装孔缝隙、接触面缝隙等，如不进行有效的防腐蚀密封防护，将会聚集腐蚀介质，发生缝隙腐蚀和电偶腐蚀，造成涂层鼓泡、剥落，电连接器松动、脱落，严重时将造成安装结构面大面积腐蚀，增加维修费用，影响飞机飞行安全。

根据飞机舱内和舱外环境严酷性的差异,针对该部位有不同的防腐蚀安装工艺方法(以下简称接触面安装方法)。

5.4.1   方盘电连接器安装腐蚀防护设计

方盘电连接器与安装板之间应根据具体环境进行腐蚀防护安装设计,导电要求不高,且安装环境较温和(如气密舱)的电连接器,可采用方法1进行防护;具有较高导电要求且安装环境较恶劣(如舱外暴露区域)的电连接器,可采用方法2至方法5进行防护。

1.方盘插座与结构安装板之间典型腐蚀防护设计方法1

方盘插座与结构安装板之间典型腐蚀防护设计方法1见图5.7。

(a)

(b)

图5.7   方盘插座与结构安装板之间典型腐蚀防护设计方法1

(a)方盘安装法兰面; (b)方盘安装插头面

具体方法如下:

(1)安装板表面不做任何处理。

（2）方盘安装连接器直接用螺钉与安装板连接，紧固件端头进行密封封包。

（3）安装板与插座接触边缘使用密封剂填角密封。

2.方盘插座与结构安装板之间典型腐蚀防护设计方法2

方盘插座与结构安装板之间典型腐蚀防护设计方法2见图5.8。

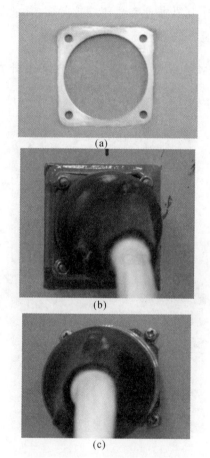

图5.8 方盘插座与结构安装板之间典型腐蚀防护设计方法2

(a)方盘安装打磨接触面；(b)方盘安装法兰面；(c)方盘安装插头面

具体方法如下：

（1）打磨掉安装板电连接器安装区域的涂镀层，打磨面积略大于连接器插座底座或安装螺母(复合材料打磨至喷铝层)。

(2)方盘安装连接器用螺钉与安装板连接(紧固件进行湿装配,端头不封包),打磨安装板与插座接触边缘多余部分并做补漆处理(不锈钢板除外),缝外使用密封剂填角密封。

(3)方盘安装连接器安装孔与连接器的间隙位置,使用密封剂进行密封处理。

3. 方盘插座与结构安装板之间典型腐蚀防护设计方法3

方盘插座与结构安装板之间典型腐蚀防护设计方法3见图5.9。

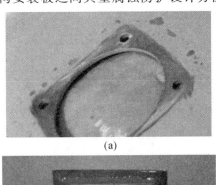

(a)

(b)

(c)

图5.9 方盘插座与结构安装板之间典型腐蚀防护设计方法3

(a)方盘安装接触面导电氧化; (b)方盘安装法兰面; (c)方盘安装插头面

具体方法如下：

(1)打磨掉铝合金安装板电连接器安装区域的涂镀层、复合材料安装板电连接器安装区域的涂层和清漆,打磨面积略大于连接器插座底座或安装螺母;不锈钢板不做任何处理。

(2)铝合金及复合材料安装板打磨区域进行局部导电氧化处理。

(3)方盘安装连接器用螺钉与安装板连接(紧固件进行湿装配,端头不封包),打磨安装板与插座接触边缘多余部分并做补漆处理(不锈钢板除外),缝外使用密封剂填角密封。

(4)方盘安装连接器安装板背面(未安装插头一面),安装孔与连接器的间隙位置,使用密封剂进行密封处理。

4.方盘插座与结构安装板之间典型腐蚀防护设计方法 4

方盘插座与结构安装板之间典型腐蚀防护设计方法 4 见图 5.10。

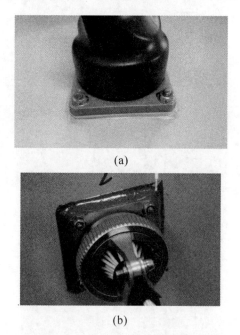

(a)

(b)

图 5.10　方盘插座与结构安装板之间典型腐蚀防护设计方法 4
(a)方盘安装接触面垫导电密封垫;　(b)方盘安装法兰面

(c)

续图 5.10　方盘插座与结构安装板之间典型腐蚀防护设计方法 4

(c)方盘安装插头面

具体方法如下：

(1)打磨掉铝合金安装板电连接器安装区域的涂镀层、复合材料安装板电连接器安装区域的涂层和清漆，打磨面积略大于连接器插座底座或安装螺母；不锈钢板不做任何处理。

(2)铝合金及复合材料安装板打磨区域使用导电密封垫(大小等同于插座底座)。

(3)方盘安装连接器用螺钉与安装板连接(紧固件进行湿装配，端头不封包)，打磨安装板与插座接触边缘多余部分，并做补漆处理(不锈钢板除外)，缝外使用密封剂填角密封。

(4)方盘安装连接器安装板背面(未安装插头一面)，安装孔与连接器的间隙位置，使用密封剂进行密封处理。

5. 方盘插座与结构安装板之间典型腐蚀防护设计方法 5

方盘安装接触面不做任何防护处理的设计方案，即直接安装状态(接触面不打磨，紧固件不做任何处理)，见图 5.11。

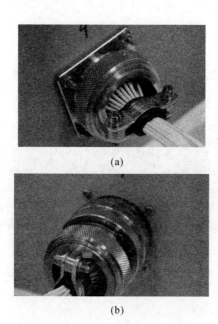

(a)

(b)

图 5.11　方盘插座与结构安装板之间典型腐蚀防护设计方法 5(接触面无任何防护)
(a)方盘安装法兰面；　(b)方盘安装插头面

6.典型方盘连接器紧固件的选用及安装

在方盘连接器安装过程中,根据安装结构强度选取安装紧固件,选用不锈钢钝化紧固件。紧固件安装过程中:工作温度在－55～130℃范围的部位,采用聚硫密封剂;工作温度在 130℃ 以上的部位采用有机硅密封剂。必要时可使用密封腻子。

在两种材料接触处涂密封剂,见图 5.12。

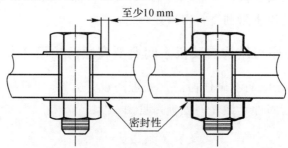

图 5.12　紧固件湿装配(左)和封包(右)方案

　　不经常拆卸、干涉配合的紧固件采用图 5.13 所示 A1 型、A2 型和 A3 型紧固件密封,装配之前在连接孔两端或紧固件头部下涂密封剂;或采用如图 5.14 所示 B1 型、B2 型和 B3 型紧固件密封,装配后在凸头紧固件两端涂密封剂;或采用如图 5.15 所示 C1 型、C2 型和 C3 型紧固件密封,在连接孔内或螺栓、螺钉杆部涂密封剂,然后拧入孔内。

　　需经常拆卸的紧固件,可采用密封腻子代替密封剂,采用如图 5.15 所示 C1 型、C2 和 C3 型紧固件密封,涂于连接孔内或螺栓、螺钉杆部,然后拧入孔内。

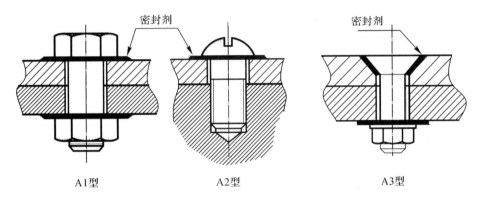

A1型　　　　　　　　A2型　　　　　　　　A3型

图 5.13　A 型紧固件密封方式

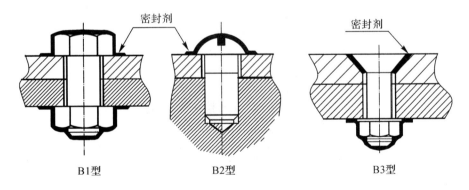

B1型　　　　　　　　B2型　　　　　　　　B3型

图 5.14　B 型紧固件密封方式

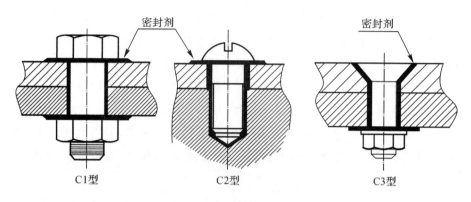

C1型   C2型   C3型

图 5.15   C 型紧固件密封方式

5.4.2   螺母安装插座与结构安装板之间典型腐蚀防护设计

螺母安装电连接器与安装板之间应根据具体环境进行腐蚀防护安装设计,导电要求不高,且安装环境较温和(如气密舱)的电连接器,可采用方法 1 进行防护;具有较高导电要求且安装环境较恶劣(如舱外暴露区域)的电连接器,可采用方法 2 至方法 5 进行防护。

1. 螺母插座与结构安装板之间典型腐蚀防护设计方法 1

螺母插座与结构安装板之间典型腐蚀防护设计方法 1 见图 5.16。

(a)

图 5.16   螺母插座与结构安装板之间典型腐蚀防护设计方法 1

(a)螺母安装螺母面

(b)

续图 5.16　螺母插座与结构安装板之间典型腐蚀防护设计方法 1

(b)螺母安装法兰面

具体方法如下：

(1)安装板表面不做任何处理。

(2)螺母安装连接器直接用螺母紧固,密封垫圈不宜过厚。

(3)安装板与安装螺母接触边缘、背面插座与安装板接触边缘/缝隙进行密封处理。

2. 螺母插座与结构安装板之间典型腐蚀防护设计方法 2

该方法采用螺母插座与结构安装板之间典型腐蚀防护设计方法 2 见图 5.17。

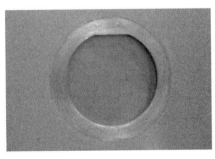

(a)

图 5.17　螺母插座与结构安装板之间典型腐蚀防护设计方法 2

(a)螺母安装打磨接触面

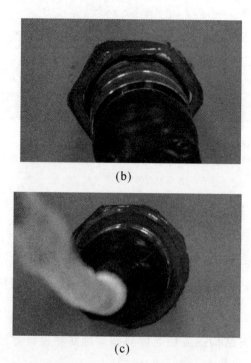

续图 5.17　螺母插座与结构安装板之间典型腐蚀防护设计方法 2

(b)螺母安装螺母面；　(c)螺母安装法兰面

具体方法如下：

(1)打磨掉安装板电连接器安装区域的涂镀层,打磨面积略大于连接器插座底座或安装螺母(复合材料打磨至喷铝层)。

(2)螺母安装连接器直接用螺母紧固,密封垫圈不宜过厚。

(3)打磨安装板与安装螺母接触边缘多余部分,并做补漆处理,缝外使用密封剂填角密封;背面插座与安装板接触边缘/缝隙进行密封处理。

3.螺母插座与结构安装板之间典型腐蚀防护设计方法 3

螺母插座与结构安装板之间典型腐蚀防护设计方法 3 见图 5.18。

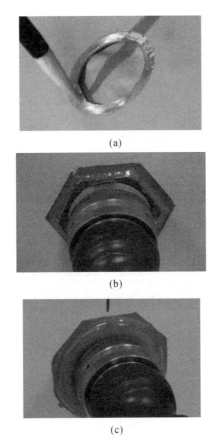

图 5.18　螺母插座与结构安装板之间典型腐蚀防护设计方法 3

(a)螺母安装接触面导电氧化；　(b)螺母安装螺母面；　(c)螺母安装法兰面

具体方法如下：

(1)打磨掉铝合金安装板电连接器安装区域的涂镀层、复合材料安装板电连接器安装区域的涂层和清漆,打磨面积略大于连接器插座底座或安装螺母;不锈钢板不做任何处理。

(2)铝合金及复合材料安装板打磨区域进行局部导电氧化处理。

(3)螺母安装连接器直接用螺母紧固,密封垫圈不宜过厚。

(4)打磨安装板与安装螺母接触边缘多余部分,并做补漆处理,缝外使用密封剂填角密封;背面插座与安装板接触边缘/缝隙进行密封处理。

4.螺母插座与结构安装板之间典型腐蚀防护设计方法4

螺母插座与结构安装板之间典型腐蚀防护设计方法4见图5.19。

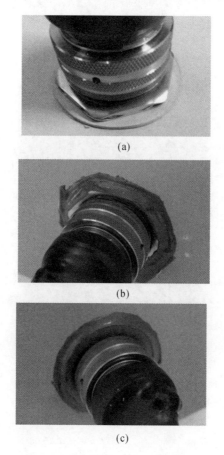

(a)

(b)

(c)

图5.19　螺母插座与结构安装板之间典型腐蚀防护设计方法4
(a)螺母安装接触面垫导电密封垫；　(b)螺母安装螺母面；　(c)螺母安装法兰面

具体方法如下：

(1)打磨掉铝合金安装板电连接器安装区域的涂镀层、复合材料安装板电连接器安装区域的涂层和清漆,打磨面积略大于连接器插座底座或安装螺母;不锈钢板不做任何处理。

(2)铝合金及复合材料安装板打磨区域使用导电密封垫(大小等同于

安装螺母)。

(3)螺母安装连接器直接用螺母紧固,密封垫圈不宜过厚。

(4)打磨安装板与安装螺母接触边缘多余部分,并做补漆处理,缝外使用密封剂填角密封;背面插座与安装板接触边缘/缝隙进行密封处理。

5. 螺母插座与结构安装板之间典型腐蚀防护设计方法 5

该方法采用螺母安装接触面不做任何防护处理的设计方案,即直接安装状态(接触面不打磨,紧固件不做任何处理)。螺母插座与结构安装板之间典型腐蚀防护设计方法 5 见图 5.20。

(a)

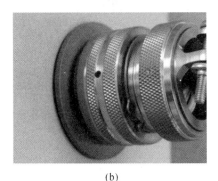

(b)

图 5.20　螺母插座与结构安装板之间典型腐蚀防护设计方法 5

5.4.3　矩形连接器安装防护

矩形连接器与普通圆形连接器相似,其插针、插座接插方式,容易造成潮气进入连接器内部,温度降低从而水汽发生冷凝,容易造成漏电,也可能造成插针的腐蚀。同时,矩形连接器大多是铝合金镀镍或铝合金镀镉壳体的连接器,尤其是铝合金镀镍壳体的连接器在海洋环境下耐蚀性较差,壳体极易发生腐蚀。定期在壳体外露部位使用水置换型硬膜缓蚀剂,在插针处使用航空级电子设备专用缓蚀剂,或者插头和插座对接完成后,进行热缩全防护,可有效提升电连接器的环境适应性。

矩形连接器安装防护示例见图 5.21。

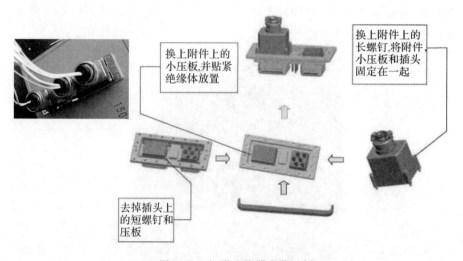

图 5.21　矩形连接器安装示例

5.4.4　射频同轴连接器

相对圆形连接器,射频同轴连接器在海洋环境下并不需要经常维护,虽然射频同轴连接器在设计时对潮气侵入的性能要求少于多孔圆形连接器。一般射频同轴连接器用于连接刀形天线。刀形天线更换的原因 90% 是因为腐蚀引起了信号衰减。一般在天线基座边缘填充密封剂防止水汽侵入,但是水介质容易在天线部位聚集造成天线同轴连接器腐蚀。通常飞机舱底天线安装部位不好维护,所以必须在天线和机身结合面处做好密封防护,以预防腐蚀问题。图 5.22 是射频同轴连接器进行海洋环境防护的照片。

图 5.22　射频同轴连接器进行海洋环境防护照片

　　射频同轴连接器对介质的介电性能要求高,如果采用灌封的方式来密封防护将会干扰电连接器的正常使用。为了不影响射频同轴电连接器的电气性能,又有可靠的密封防护性能,在连接器的外部采用热缩套管或热缩胶带密封的方式,可有效起到防护密封作用。

5.5　尾部附件与电线连接处密封防护设计

　　电连接器尾部线缆的密封防护设计主要包括尾部附件的防护处理、线缆压接位置的密封处理等。该部位属于保证线缆与连接器之间电信号传输的重要部位,线缆与接触件压接部位存在孔位缝隙,且安装孔位周围的绝缘材料极易吸附湿气、灰尘、盐粒等物质,如不进行有效的防腐蚀密封防护,将导致电连接器绝缘电阻、耐电压性能大大降低,严重时造成接触件腐蚀断裂、电信号断路等现象。针对该部位有六种不同的尾部线缆密封防护模式(以下简称线缆密封模式)。

　　(1)电连接器内部电线或电缆应保证与电连接器壳体的物理隔离或电气隔离。

　　可采取的具体措施如下:首先距离封线体一定的位置,将电连接器内部电线用绑线扎成线束,然后在与尾部附件孔腔内壁接触的线束外部缠绕适量绝缘自粘硅胶带、聚四氟乙烯薄膜等规定的材料,缠绕直径与尾部附件出线口直径间隙为保证线束在尾部附件内无相对运动,同时防止线束与尾部附件孔、楞边等摩擦。

(2)线束与尾部附件的压线板接触部位应有绝缘防护,不允许尾部附件直接紧固在线束上。

采取的具体措施如下:可用绝缘自粘硅胶带、聚四氟乙烯薄膜等材料,在线束与压线板接触部位进行缠绕填充来进行紧固绝缘防护。

(3)使用模缩套对尾部附件进行防护时,模缩套一端尽可能靠近电连接器螺帽且不能影响螺帽转动,模缩套另一端要求与线束缩紧达到无缝匹配连接。

当模缩套无法缩紧线束时,可采取的具体措施如下:在与模缩套连接部位的线束上缠绕绝缘自粘硅胶带、聚四氟乙烯薄膜等规定的材料,来保证线束直径与模缩套匹配连接。

5.5.1　线缆密封防护方法1

线缆密封防护方法1见图5.23。

具体方法如下:

电连接器线缆压接部位使用进口密封剂灌封,密封层平整、覆盖电缆芯线剥皮部分。

(a)

图5.23　线缆密封模式1

(a)方盘安装法兰面灌封尾附

(b)

续图 5.23 线缆密封模式 1

(b)方盘安装插头面灌封尾附

5.5.2 线缆密封防护方法 2

线缆密封防护方法 2 见图 5.24。

具体方法如下:

(1)电连接器线缆压接部位不灌封。

(2)采用双层热缩管密封保护(内部不带胶透明热缩管＋外部带胶的黑色热缩管)一端包裹整个尾部附件,一端热缩到线缆中段。

(3)热缩管与线缆中段收口位置使用密封腻子密封处理。

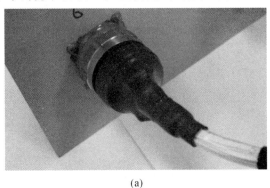

(a)

图 5.24 线缆密封模式 2

(a)热缩管包裹尾附

(b)

续图 5.24　线缆密封模式 2

(b)线缆中段不干腻子收口

5.5.3　线缆密封防护方法 3

线缆密封防护方法 3 见图 5.25。

具体方法如下：

(1)电连接器线缆压接部位不灌封。

(2)采用双层热缩管密封保护(线缆内部不带胶透明热缩管，线缆外部带胶的黑色热缩管)，一端包裹整个尾部附件，一端热缩到线缆末端，即使用内部不带胶透明热缩管包裹整个线缆。

(3)热缩管与线缆中段收口位置使用自流平密封剂或有机硅灌封胶密封处理。

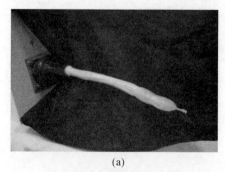

(a)

图 5.25　线缆密封防护方法 3

(a)热缩管包裹尾附

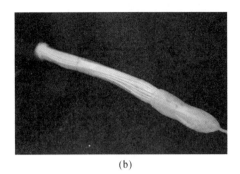

(b)

续图 5.25　线缆密封防护方法 3

(b)透明热缩管包裹整个线缆

5.5.4　线缆密封防护方法 4

线缆密封防护方法 4 见图 5.26。

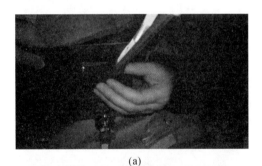

(a)

(b)

图 5.26　线缆密封防护方法 4

(a)密封剂灌封整个腔体；　(b)聚氨酯带包裹整个插头及尾附

具体方法如下：

（1）使用聚氨酯薄膜带包裹，一端包裹到插座根部，一端包裹到线缆中段。

（2）从聚氨酯薄膜带收口位置注入进口自流平密封剂，使其充满整个包裹区域内部残余空腔。

5.5.5　线缆密封防护方法5

线缆密封防护方法5见图5.27。

具体方法如下：

采用密封剂灌封，具体方法是在电连接器线缆压接部位使用有机硅灌封胶灌封，密封层须平整、覆盖电缆芯线剥皮部分。

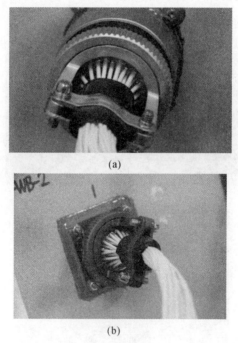

(a)

(b)

图5.27　线缆密封模式5

(a)方盘安装插头面灌封尾附；　(b)方盘安装法兰面灌封尾附

5.5.6 线缆密封防护方法 6

线缆密封防护方法 6 见图 5.28。

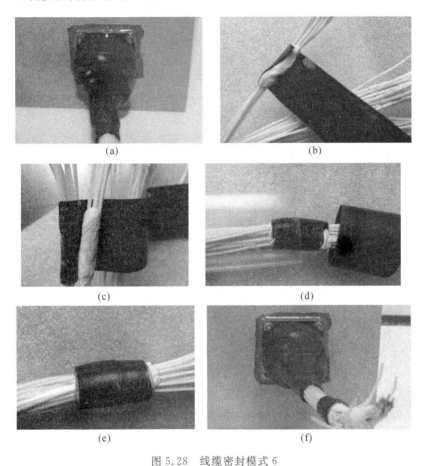

图 5.28 线缆密封模式 6

(a)尾附使用带胶黑色热缩管包裹； (b)线缆分束包裹腻子和自粘胶带；

(c)束与束之间包裹自粘胶带； (d)内部首先热缩透明热缩管；

(e)外部用自带胶黑色热缩管热缩； (f)整体图片

具体方法如下：

采用热缩管包裹，再加自粘胶带和腻子组合，对热缩管与线束结合处进行收口处理。

(1)电连接器线缆压接部位不灌封。

(2)采用双层热缩管密封保护(线缆内部不带胶透明热缩管,线缆外部带胶的黑色热缩管)一端包裹整个尾部附件,一端热缩到线缆规定部段。

(3)热缩管与线缆规定部段收口位置使用自粘胶带捆扎并使用密封腻子密封处理。

5.5.7 特殊防护

射频同轴连接器对介质的介电性能要求高,如果采用灌封的方式来密封防护将会干扰连接器的正常使用。为了不影响射频同轴电连接器的电气性能,又有可靠的密封防护性能,在连接器的外部采用热缩套管或热缩胶带密封的方式,可有效起到防护密封的作用。

采用高收缩比的自带密封胶的热缩套管或热缩胶带,对连接器进行密封防护处理。装配时,对尾部附件拧紧口部凹槽用硅橡胶填满,并在30 min 内用热缩管对尾部附件进行热缩,见图 5.29。典型线缆与插座密封防护方法照片见图 5.30,典型线缆与尾部附件防护方法见图 5.31。

图 5.29　电连接器涂胶与热缩处理

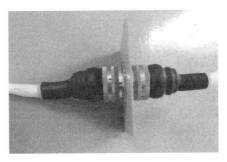

图 5.30 典型线缆与插座密封防护方法

电缆尾部处理

图 5.31 典型线缆与尾部附件防护方法

5.6 飞机上电连接器的打保险

5.6.1 打保险要求

为了避免插头、插座不可靠连接后造成飞机系统工作不可靠,关于机载设备和飞机上安装的电连接器打保险要求如下:

(1)凡是插头、插座不可靠连接后会直接或间接造成飞机安全隐患的电连接器选用时,必须选用插头和插座带保险孔的形式,保证插头和插座之间可以进行打保险处理。

(2)要求安装在飞机封闭区域(如驾驶舱等)的不易可达、不易可视位置的电连接器选用时必须是插头和插座带保险孔的形式;该区域的其他位置电连接器的选型可视情确定是否选用插头和插座带保险孔的形式。

(3)要求安装在半封区域、敞开外露区域如发动机舱、起落架舱、机翼、平尾、液压舱、环控舱、APU舱等的电连接器选用时必须是插头和插座带保险孔的形式。

(4)安装在强振动区(不包括减震设备上)以及在定期维护不可靠近的区域,应选用带保险孔形式的插头和插座;并使用保险丝或其他机械方式加以锁定,以防由于振动使电连接器脱开。

(5)在飞机总装系统连试完成后,按相应打保险工艺规范文件进行插头、插座打保险处理。

(6)所用的保险丝应选直径为 0.5~0.8 mm 的不锈钢丝。保险丝应符合专用技术要求。

5.6.2 打保险的方法

(1)保险丝的线路应尽量沿着被锁件的零件的切线方向来打保险丝。

(2)保险丝的绕向应是顺着被锁件拧紧的方向,保险丝绕行方向和拧紧螺帽方向一致,要仔细区分正扣螺纹和反扣螺纹。

(3)保险丝不能重复使用,每次都要使用新的保险丝,保险丝不应存在过度弯折、绞结、裂口擦伤状态,不应在尖角上抽拉保险丝。

　　(4)不要使保险丝过度受力,当绞紧、拉紧到足以固定零件又不会使保险丝过分受力以致稍受载荷即断裂的程度。

　　(5)插头、插座对接到位后,如果提供了合适的保险孔,则应打保险。

打保险方向示意图见图 5.32。

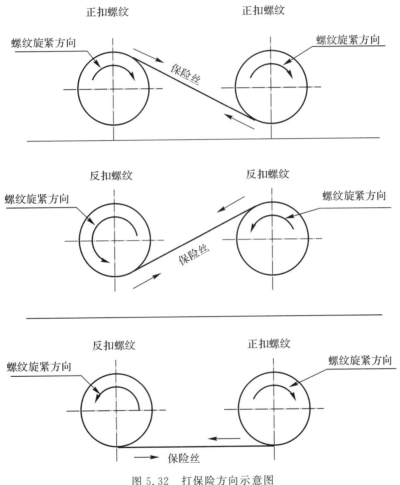

图 5.32　打保险方向示意图

打保险的方向要求如下:

(1)螺纹正扣时,应按顺时针的方向打保险丝。

(2)螺纹反扣时,应按逆时针的方向打保险丝。

(3)两点间的保险丝相对水平面夹角不小于 15°,不大于 60°。

(4)保险丝每 1 cm 的范围打 4~5 扣,其尾端应留有 12~15 mm 的保险丝回折,回折必须位于同一平面内,以免伤线及伤手。

保险丝回折示意图见图 5.33。保险丝绕钉方向见图 5.34。

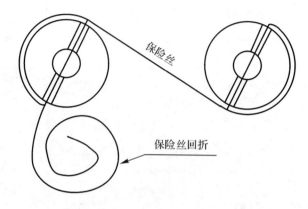

图 5.33　保险丝回折示意图

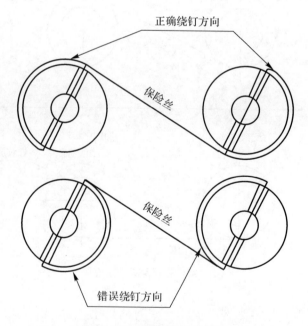

图 5.34　保险丝绕钉方向

5.6.3　打保险方案

1.方盘插座类

方盘插座类保险丝路径为先从插头连接螺帽的一个保险孔引出,终止于该面的插座安装螺钉内。GJB 599Ⅰ系列插头连接螺帽保险孔示意图见图5.35,GJB 599Ⅲ系列插头连接螺帽保险孔示意图见图5.36,直式电缆夹保险丝图例见图5.37和图5.38。

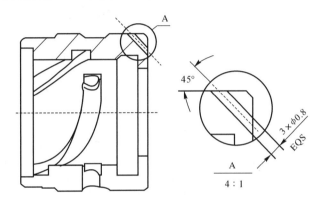

图 5.35　GJB 599Ⅰ系列插头连接螺帽保险孔示意图

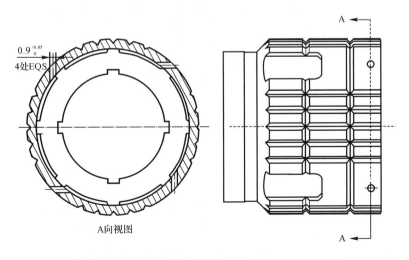

图 5.36　GJB 599Ⅲ系列插头连接螺帽保险孔示意图

保险丝　　航标螺钉

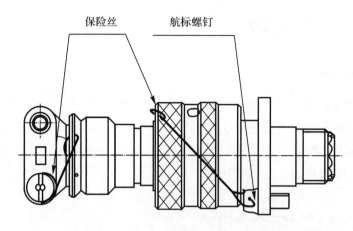

图 5.37　GJB 599 I 系列方盘类打保险图例

保险丝　　航标螺钉

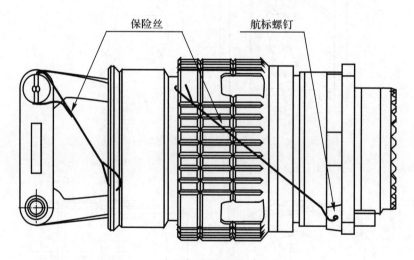

图 5.38　GJB 599 III 系列方盘类打保险图例

2. 螺母紧固插座类

螺母紧固插座类保险丝路径为先从插头连接螺帽的一个保险孔引出，终止于该面的插座紧固螺母内。直式电缆夹保险丝图例见图 5.39 和图 5.40。

注意：紧固螺母需先用保险丝固定在面板上，实现防松。

保险丝　　　紧固螺母

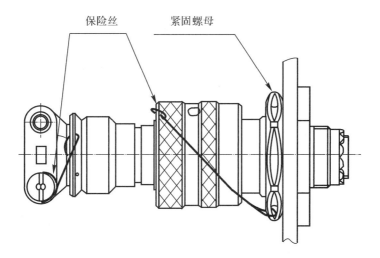

图 5.39　GJB 599 Ⅰ 系列螺母紧固类打保险图例

保险丝　　　紧固螺母

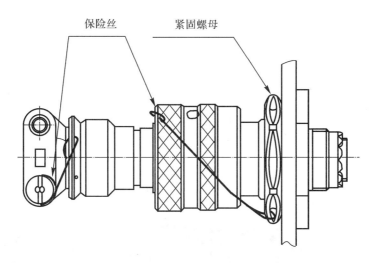

图 5.40　GJB 599 Ⅲ 系列螺母紧固类打保险图例

3. 螺母紧固穿墙插座类

　　螺母紧固插座类有紧固螺母一端,保险丝路径为,先从插头连接螺帽的一个保险孔引出,终止于该面的插座紧固螺母内。直式电缆夹保险丝图例见图 5.41。

注意：紧固螺母需先用保险丝固定在面板上，实现防松。

螺母紧固插座类无紧固螺母一端，需在螺母紧固插座安装盘上打斜孔（见图 5.42 和图 5.43），由于 GJB 599I 系列圆盘较薄，只有 2.5 mm，需要加厚到 4 mm。保险丝路径为，先从插头连接螺帽的一个保险孔引出，终止于该面的插座圆盘的保险孔内。

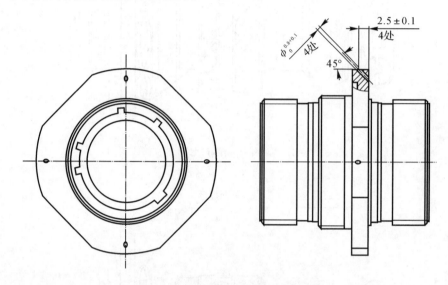

图 5.41　螺母紧固插座保险孔示意图

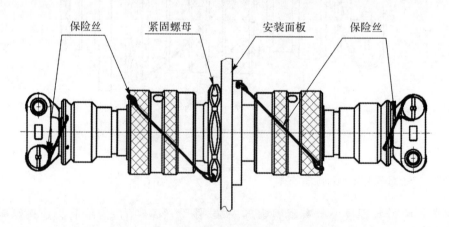

图 5.42　GJB 599Ⅰ系列螺母紧固穿墙类打保险图例

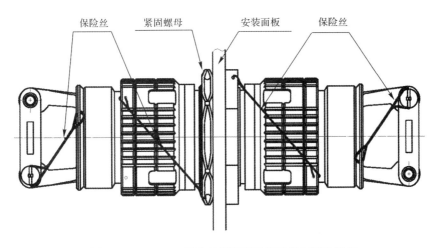

保险丝　　紧固螺母　　安装面板　　保险丝

图 5.43　GJB 599Ⅲ系列螺母紧固穿墙类打保险图例

5.6.4　直式电缆夹保险丝图例

直式电缆夹保险丝路径为,先从连接螺帽的一个保险孔引出,斜穿过该面的压板的螺钉内,再穿过另一面的连接螺帽的另一保险孔,最后止于另一面的压板的螺钉。直式电缆夹保险丝图例见图 5.44。

图 5.44　直式电缆夹保险丝图例

5.6.5　弯式电缆夹保险丝图例

弯式电缆夹保险丝路径为,从连接螺帽的一个保险孔引出,从电缆夹背面穿过距离该锁紧孔较远的压板螺钉,再穿过另一个压板螺钉,止于该压板螺钉。弯式电缆夹保险丝图例见图 5.45。

图 5.45　弯式电缆夹保险丝图例("锁紧尾附连接螺帽"类)

第6章

飞机上电连接器的日常维护与修理

基于电连接器制造过程的问题特点，为了实现对质量问题的快速求解，除了采用传统的事后解决、事中控制的方法以外，本章介绍采用预防维修的方法来实现对电连接器故障问题的快速求解。实现对故障的快速反应，将质量事故对过程影响降到最低。

电连接器的预防措施主要从电连接器外观、电连接器与电线端头的处理、接触偶与电线的连接、插头与插座的组装、电连接器的密封检查、电连接器与尾部附件的防松等方面入手进行目视检查和预防。

6.1 电连接器外观检查

检查电连接器外表面及尾部附件内外表面，首先主要检查腐蚀材料、镀层材料损坏情况、基体材料损坏情况、螺纹或耦合机构损坏情况。其次，根据外镀层材料的腐蚀外观判断腐蚀类型，凡过度磨损，大面积镀层脱落、连接器破裂、镀层脱落都须更换处理。

(1)检查绝缘子插孔有无损伤，以防触片弯曲、歪斜。检查插针装配情况，确保插针装配平整、长度适当、锁定牢固，插接时无卡滞及插针松动退缩等问题。检查连接器后部的垫圈密封情况，所有未接电线的插针孔均应使用密封塞进行密封。

(2)检查密封塞装配情况。插入密封圈内的部分应为密封塞的头部(较大一端)。

(3)检查连接器壳体镀层及表面光洁度。连接器壳体不得出现锈蚀；连接器外壳不得出现镀层脱落的情况。

(4)检查连接机构的状况：

1)对于螺纹式连接器来说,应注意检查有无螺纹磨损问题。

2)对于卡口式连接器来说,应注意检查 3 个锁定销及其对应的啮合面、啮合孔的磨损情况及装配状态,锁定销应确保装配完备、固定牢固。

(5)带有安装法兰的连接器插座端,应注意检查装配件是否配套、齐备。

(6)所有连接器均应装配应力消除机构(轴衬)或后壳。圆形连接器的消除机构或后壳应满足实际使用要求(如电磁干扰、环境密封等)。

(7)所有光纤连接器在连接前均应进行检查,确保光纤插芯端面洁净、完好。光纤连接器任意一端上(公座或母座)存有的污染或损坏都会在连接后传导至其配对端。

(8)光纤连接器只允许在维护或检修时进行分解。如仅对光纤连接器进行检查,不得将其拆开。

6.2 电连接器密封性检查

对于配备有密封垫圈的连接器,应注意检查以下内容:

(1)核查连接器插孔倒角附近区域(倒角内外至倒角底部)有无裂损、沟槽或者其他损坏。

(2)检查装配电线的线径是否符合连接器规定要求。电线外径不得超出连接器线径要求范围;若电线线径较小,为达到环境密封要求,应通过加装热缩套管的方式增加电线线径。

(3)查看电线进出连接器和端接模块的部分,确保电线与密封垫圈之间没有间隙会损坏密封性。只有当所有的电线从连接器中平滑伸出,才不会造成电线与插孔之间的间隙。

6.3 电连接器与电线端头的处理、
接触偶与电线的连接检查

检查电线与封线体配合处,确保电线与密封件之间没有会损坏密封性的间隙。只有当所有电线从封线体中平滑伸出时,才不会造成电线与密封孔位之间的间隙；电连接器附件尾部出线口采用橡胶垫圈密封时，电连接器与胶圈配合处不应被损坏，密封胶圈与电线电缆配合处表面不能有气泡、毛刺、凹槽等缺陷；检查装配电线的线径是否符合电连接器规定要求。所有未接电线的插针孔均应使用密封塞进行密封，安装密封塞前应确保孔内已安装接触件，若未安装插针，密封塞极易旋入孔腔内的插针锁定机构，锁死后密封塞将无法退出，这将影响插针孔的再使用；检查密封塞装配情况，确保密封塞装配到位。

6.4 接触件检查

1.接触件外观检查

接触件外观应无裂纹、起泡、起皮、镀层腐蚀或脱落等缺陷；检查插孔和插针有无损伤，接触簧片和插针不应有明显弯曲、歪斜现象；检查插针装配情况，插针端面应平齐、长度适当、锁定牢固；电连接器匹配时接触件应无卡滞、松动、退针、缩针等现象；接触件上无灰尘和积碳。

2.接触件磨蚀检查

接触件磨蚀是指电连接器接触件啮合面之间存在轻微的相对运动，其可逐渐导致金属接触件的磨损及锈蚀。接触件磨蚀检查内容及方法如下：检查接触件插针及插孔孔口不应存在金属粉末，一旦发现金属粉末，应及时清理并进行检修；检查接触件插针有无裂损及镀层损伤迹象；检查接触件有无氧化、锈蚀现象；检查电连接器的连接螺纹、插针及定位键/槽有无损伤；接触件出现磨蚀问题时应及时进行维修及更换。

3.接触件压接检查

保证接触件的正确压接。注意：压接操作可能存在缩进，导致压接接触件的检查孔变形。只要压接后不影响检查孔观察就算符合条件；确定电线在压线筒内检查孔附近可被观察到;电线与压接筒接合时应留有清晰的绝缘间隙。压接筒压槽周边筒体应无裂损,若有裂损应更换接触件。接触件压接后,应沿接触件引线方向抻拉引线,以检查接触件是否压接牢固。

6.5　电连接器应变消除检查

电连接器应变消除检查内容及方法如下:检查电连接器端的电缆,应预留足够的余量;确保电缆在多端口电连接器尾部出线口处的弯曲半径在许用值内;检查电缆压板下电缆密封橡胶垫圈情况,若电缆直径小于压板出线口直径,可采用硅橡胶缓冲带或可重复使用的侧通式衬套调整电缆最大外径;检查电缆压板及配件是否装配完备;若电缆穿出尾部附件后需进行折弯,应检查并确认折弯点处安装了电缆轴衬。

避免绞线的重新旋拧超过正常绞向,从而导致应力集中并造成线束受损;还有连接器尾部附件处的电线走向不合理,产生应变。

电连接器应变消除检查图例见图 6.1。

例如,连接器背部的电线较短(箭头指示位置),会对接触件压接点和密封堵头产生额外的压力。密封堵头扭曲变形,密封性将受到破坏。

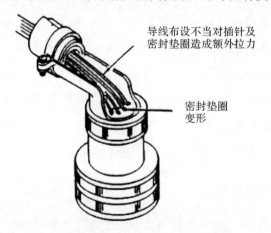

导线布设不当对插针及
密封垫圈造成额外拉力

密封垫圈
变形

图 6.1　电连接器应变消除检查图例

6.6 电连接器尾部附件检查

电连接器尾部附件检查内容及方法如下:确保尾部附件组件完整、齐备,装配顺序恰当;确保尾部附件内电线的弯曲半径在许用范围内;检查尾部附件出线口处的密封情况;检查电缆外径与尾部附件夹持结构的匹配性,尾部附件的电缆夹应确保已将电缆束夹紧,如果电缆束细,可加包裹物进行包裹,以便将电缆夹紧。确定尾部附件按照顺时针方向拧紧(从电连接器尾端看),检查并确保电连接器确实拧紧。

6.7 插头与插座的组装检查

1. 匹配前检查

在电连接器匹配前,除检查并确保头座的接触件安装恰当外,还应进行如下检查:

对螺纹式连接,应注意检查有无螺纹磨损问题;对于卡口式连接,应注意检查3个锁定卡钉及其对应的啮合面、啮合孔的磨损情况及装配状态,锁定卡钉应确保装配完备、固定牢固;连接前检查电连接器的接触件,不应有损坏及脏物或油污;确保接触件数量和规格安装正确、无遗漏;确保所有孔位接触件安装到位,安装到位后接触件端面应平齐;确保接触件不应有积碳、变形、弯针、缩针/孔现象;确保未接线孔位的密封塞规格正确,并安装到位;对于需要安装尾部附件的电连接器,应检查尾部附件选用是否配套、装配是否牢固,同时应确保尾部附件引出电线使用电缆夹进行了固定,鞍状压板紧固牢固。

2. 匹配后检查

在检查和配对结束后,根据电连接器类型锁定或紧固。当发现螺纹式电连接器没有指示线时,应检查电连接器连接是否紧固。若电连接器有安装到位指示线,应进行以下检查:

检查电连接器的红色安装到位指示带。如果红色指示带位置正确且电连接器完全匹配,连接螺帽应完全覆盖指示带。如果电连接器完全匹配仍可看见红色指示带,情况如下:

红色指示带在电连接器上的位置不当;红色指示带在电连接器上的位置正确,但在电连接器匹配端由于允许偏差而引起位置偏离。

6.8　电连接器电磁屏蔽接地环的检查

当电磁屏蔽指形簧片出现断损问题时,应认真检查并及时清除脱落碎片,簧片碎片会造成电气线路系统的外来异物损伤,引发电击危险并对线路系统的电气性能造成影响,应及时更换。电连接器电磁屏蔽接地环的检查图例见图6.2。

图 6.2　电连接器电磁屏蔽接地环的检查图例(多条电磁屏蔽簧片断损)

6.9　连接器保险丝检查

保险丝的检查内容及方法如下:

保险丝装配时应进行双股顺时针拧绞,应沿连接器外壳拧紧方向与沿连接器外壳装配连接,以确保对连接器外壳的拉紧锁定。保险丝在固定件拧紧方向应拉紧,保险丝无裂纹、扭结或断裂。保险丝的拧绞密度不可过大,不可出现丝断裂问题。

6.10 电连接器安装检查

在进行连接器配对连接前,除检查并确保两侧端口的接触件安装恰当外,还应进行如下检查:确保所有插针、插孔装配无遗漏。确保插针无弯曲。确保不接线的插针孔装配有密封塞。对于需要安装尾部附件的连接器,应检查尾部附件选用是否配套、装配是否牢固,同时应确保连接器尾部附件引出线束使用电缆卡箍进行了固定。

检查结束并进行匹配连接后,应根据连接器类型对连接器进行锁定或紧固。当使用无指示线的螺纹连接器时,应检查连接器连接是否紧固;若连接器有匹配指示线,则应进行以下检查:

(1)检查连接器的红色锁定指示带。若红色指示带装配位置恰当,连接器完全匹配连接后,红色指示带将遮盖消失。

(2)若连接器配有卡口系统,则应进行以下检查:

1)卡口系统在插座的外边缘采用三锁销设计,互相保持120°角间距。

2)确保所有耦合锁销均锁定正常。

3)在连接状态下,确保锁销可通过检查孔清晰观察。

6.11 电连接器灌封检查

为便于检查工作开展,检查前应对电连接器及其组件表面的污染物、附着物进行彻底清理。电连接器锈蚀、密封、电气灌封检查的具体内容如下:密封严实、无接缝;封套及套环内的封装材料应填充紧实。

6.12 其他通用检查

(1)电连接器只允许在该系列产品所规定的工作条件和环境下使用。

(2)未经同意或授权,使用和维修中不允许对电连接器有任何补充和加工,以及对产品零件删除和更换。

(3)电连接器在起封状态下或被安装在成品上保管时,应从接触端的方向盖上保护盖,以防止灰尘进入接触孔内,影响产品的电气性能。

(4)电连接器的机械安装和电气安装应符合有关飞机维护说明书的规定,在必须使用其他安装方式的情况下,应取得电连接器承制方的同意。

(5)注意使用中不能将压接型插针、插孔进行焊接。

(6)压接端接前,应检查插针、插孔、电线、压接钳、定位器、压接钳的挡位是否符合规定。

(7)剥线时,应注意不能损伤线芯,也不能损伤电线绝缘层和使电线变形。

(8)压接端接前,应按有关规范的规定做压接件试验,验证压接钳是否在合格范围内。

(9)应详细按飞机编制的详细工艺文件和操作规范进行电连接器的使用和维修工作。

(10)压接时,应注意区分插针、插孔的压接筒,压接筒上有三条色带的一个观察孔,特别是插孔,有时误将工作端作为压接筒进行压接。

(11)插针、插孔按孔位排列图规定的位置进行装配,当送入工具接触封线体时,应小心和缓慢进入封线体,以防损伤封线体。应注意插针、插孔是否到位并锁紧在插头、插座中。

(12)电连接器组件(包括插头、插座、尾部附件)的外壳体镀层及表面光洁度,应无裂纹、起泡、起皮、镀层锈蚀等缺陷。电连接器外壳受损后,其结构特性及电气性能将大受影响,受损后的电连接器将有可能影响线路系统的电气性能,甚至会导致系统崩溃。日常维护发现有上述缺陷时要及时更换。

(13)装配完毕的插头和插座,若未与对应的插座和插头插配连接,应在插配端装上塑料尘罩,以防插头、插座被污染和损伤。

(14)插头、插座连接时,应注意检查是否连接到位。插座连接时,应缓慢对位,以免损伤插针。

第7章
飞机上电连接器常见故障及解决措施

7.1　常见故障问题

　　根据大量文献及部队各类飞机线路综合整理数据记录,圆形压接型系列电连接器品种规格多、适用范围广,技术指标要求高,掌握其故障方法及解决办法可以提高电连接器在具体使用过程中的可靠性。

　　不同飞机上电连接器常见故障原因和现象交叉重叠,一个症状有多种可能原因,同时一个问题源会产生多个症状。随机性的影响因素较多,导致质量问题的发生点和发展方向难以确定,给电连接器故障定性和定量分析都带来了困难。由于电连接器工作环境的不同,导致零部件失效方法和劣化程度也相差很大。

　　根据飞机使用实际情况,飞机上的圆形压接型电连接器出现的故障现象的详细情况归类如下:

　　(1)插头、插座。插头、插座互换性差或不能互换,插头和插座壳体插配不上,插头和插座连接扭矩大或无法连接,壳体镀层及表面光洁度有裂纹、起泡、起皮、镀层锈蚀等缺陷。

　　(2)接触件。插针、插孔缩回(即插针、插孔缩回连接器内),插针或插孔不能在绝缘体中固定,连接后接触不良(断路),插针或插孔不能卸除,插针、插孔装不到位,插针、插孔卡不住,插针、插孔接触电阻变大,接触体取送不顺畅,接触件窜动量过大。

　　(3)尾部附件。尾部附件拧不到位,线束夹不紧。

　　(4)电气性能。电路时断时通,电路短路或断路、绝缘性能不好,绝缘电阻较低,连接后接触不良(断路)。

(5)与电线的连接处。电线折断,接触件与电线压接后拉脱力不合格或电线从压窝中脱出。

根据上面详述的故障方法,总结出电连接器的常见故障方法有短路、接触不良、瞬断、绝缘不良、断路、误接配线、固定不良、密封不良、互换性差、与电线压接工艺不当、接触件变形、装配失误等形式。

7.2 故障分析

根据电连接器的主要组成部分及已有研究,可将电连接器的故障现象分为以下四类:因壳体损坏造成的机械失效,绝缘材料吸潮造成的绝缘失效,接触体磨损造成的接触失效,其他零件的变形或人为误操作造成的其他失效。上述失效方法中绝缘失效和机械失效可以通过改善制造和安装工艺尽量避免。接触失效是在使用过程中,由于环境因素的影响、老化、人为因素等引起的。根据实际使用中的统计情况发现,电连接器最主要的失效方法是接触失效,大约占电连接器总失效数的50%。

7.3 解决措施

针对飞机在使用过程中易出现的故障现象,给出相应的故障排除措施。电连接器常见故障问题及排除措施见表7.1。

表 7.1　电连接器常见故障方法及排除措施

序号	故障问题	解决措施
1	插头、插座互换性差或不能互换	(1)按照相关维修手册或维护技术说明书中的插头、插座互配尺寸检查电连接器的接口尺寸; (2)检查插头、插座的键与键槽的变换角度是否一致

续 表

序号	故障问题	解决措施
2	插头和插座插配不上	(1)插头和插座型号不对； (2)插头和插座键位不匹配。 遇此故障不能强行插配,检查孔位排列和键位是否正确,完全正确的插配,或更换正确型号的产品或找供应商解决
3	插针、插孔缩回(即插针、插孔缩回连接器内)	将接触件取出重新装入后,用手拉电线,如不被拉出则证明上次没装到位;否则更换产品或找供应商解决
4	连接器连接扭矩大或无法连接	(1)如是接触件插入力大,更换接触件; (2)如是连接问题,更换产品
5	压接的后拉脱力不合格或电线从压窝中脱出	(1)检查电线与接触件,接触件与压接钳是否匹配,电线剥线是否出现断线,压接钳档位选择是否正确,压接钳是否合格; (2)均无上述问题,找供应商解决
6	短路或绝缘电阻较低	检查装针的插合界面是否洁净,有无多余物和水,检查其他与之连接的电路有无问题,否则更换产品
7	插针或插孔不能在绝缘体中固定	检查插针和插孔规格与装入和孔位号是否对应;检查插孔的压接位置是否正确;否则更换产品
8	连接后接触不良(断路)	(1)检查插头与插座是否连接到位; (2)分离插头和插座检查是否有缩针或插孔缩回现象; (3)拉连接器尾部的每一根电线,检查电线压接是否可靠; (4)均无上述问题请更换接触件

续 表

序号	故障问题	解决措施
9	插针或插孔不能卸除	(1)检查是否用装入工具取卸; (2)检查取卸工具的取卸部分是否损坏; (3)检查取卸工具与产品是否匹配; 如上述检查均无问题或取卸工具无法插入时更换产品或找供应商维修
10	插针、插孔装不到位	(1)检查绝缘体孔腔内是否胶多,清除多余的胶或返厂处理; (2)检查定位爪是否装反,封严体孔与绝缘体组件是否孔不对位,返厂检查处理
11	插针、插孔卡不住	(1)检查是否未送到位,继续用送入工具送入; (2)检查定位爪舌片是否断裂,返厂处理; (3)检查定位爪舌片是否未弯曲,返厂处理; (4)检查是否漏装定位爪,返厂处理; (5)更换电连接器
12	尾部附件拧不到位	检查尾部附件或插头、插座的螺纹是否不合格,将不合格的尾部附件或插头、插座返厂处理
13	接触电阻变大	弹性接触件变形,更换接触件
14	电路时断时续	(1)插针、插孔之间有污物,用酒精清洗后,用热风吹干; (2)插针、插孔相互接触膜层电阻超过规定值,反复插拔数次,破坏氧化膜层达到要求; (3)插拔过程中,插孔因受外力产生永久变形。更换接触体; (4)接触元件弹力变小,修理或更换元件; (5)插针未送到位,产生缩针现象,重新用取送工具送入,并用工具检测到位情况

续　表

序号	故障问题	解决措施
15	绝缘性能不好	(1)绝缘体受潮； (2)绝缘表面有污物,用酒精清洗后,用热风吹干
16	接触体取送不顺畅	(1)绝缘体与封线体的孔内有胶； (2)卡爪有问题； (3)封线体与绝缘体黏结不同心； 多取送几次,将胶粒从孔腔中带出或更换连接器
17	电线折断	(1)包扎电线时未理顺,个别电线受力过大； (2)电线制备时,未考滤各电线之间随机位置上的差异留有余量； (3)剥电线时损伤了线芯。 用新的接触体重新压接并理顺电线束
18	接触件窜动量过大	定位爪损伤,更换电连接器
19	壳体镀层及表面光洁度有裂纹、起泡、起皮、镀层锈蚀等缺陷	更换有缺陷的插头、插座或尾部附件

参 考 文 献

[1] 中国民用航空总局. 中国民用航空规章第 25 部 运输类飞机适航标准:CCAR-25-R4[S]. 中国民用航空总局,2011.

[2] 国防科学技术工业委员会. 飞机布线通用要求:总则 中华人民共和国国家军用标准:GJB 1014.1-90[S]. 国防科学技术工业委员会,1991-01-26.

[3] 周珺,邓健,杨阳. 舰载机电气线路互联系统(EWIS)腐蚀问题分析及解决措施[J]. 航空科学技术,2017(12):43-46.

[4] 《飞机设计手册》编委会. 飞机设计手册:第 16 册,电气系统设计分册:北京:航空工业出版社,2005.

[5] 中华人民共和国航空工业标准:HB 6438-2005.飞机线束加工通用要求[S]. 国防科学技术工业委员会. 2005-12-26.

[6] 中华人民共和国航空工业标准:HB 7262.3-1995.航空产品电装工艺 线束和电缆的制作[S].国防科学技术工业委员会. 1995-12-13.

[7] 中华人民共和国航空工业标准:HB/Z 106-2011.飞机结构密封工艺[S].国防科学技术工业委员会. 2011-07-19.

[8] 王哲,焦志强,等.军用飞机腐蚀防护设计和控制要求:GJB 2635A-2008[S].国防科学技术工业委员会,2008.

[9] 中华人民共和国国家军用标准:GJB 599A-1993.耐环境快速分离高密度小圆形电连接器总规范[S]. 国防科学技术工业委员会. 1993-12-20.

[10] 中华人民共和国国家军用标准:GJB1216-91.电连接器接年总规范[S]. 国防科学技术工业委员会,1991-10-18.

[11] 中华人民共和国国家军用标准:GJB1217A-2009.电连接器试验方法[S]. 国防科学技术工业委员会,2009-12-22.

[12] 中华人民共和国国家军用标准:GJB1784-93.电连接器附件总规范[S].国防科学技术工业委员会,1993-12-20.

[13] 杨奋为.电连接器的常见失效分析[J].上海航天,1996(2):43-47.

[14] 周建新.浅谈电连接器的失效分析及预防[J].机电元件,2014,34(3):32-35.

[15] 张菊华,孔宪宝.低频电连接器失效方法的分析[J].机电元件,1989,9(1):36-43.

[16] 段颖娟.飞机电连接器弯针分析研究[J].航空科学技术,2013(1):55-56.

[17] 张绍杰,陶峰,黄一敏.运输类飞机包含EWIS的区域安全性分析研究[J].航空科学技术,2012(3):27-30.

[18] 任国泰.微振及其对连接器接触电阻的影响[J].机电元件,1999,19(03):4-7.

[19] 靳方建.电连接器接触件可靠性分析与高温插拔试验[D].杭州:浙江理工大学,2013.

[20] 赵维超.电连接器接触电阻监测技术研究[D].天津:河北工业大学,2012.